操作能手

国家中等职业教育改革发展示范学校重点建设专业规划教材

U0735505

三维建模基础实训
（Pro/E Wildfire 5.0版）

SANWEI JIANMO JICHU SHIXUN

主　编　许鹏辉

副主编　薛　娟

参　编　姜　秀　高　娟

梁晓明　孙汝杰

江苏大学出版社
JIANGSU UNIVERSITY PRESS
镇　江

图书在版编目(CIP)数据

三维建模基础实训：Pro/E Wildfire 5.0 版 / 许鹏
辉主编. —镇江：江苏大学出版社，2016.1
　ISBN 978-7-5684-0024-4

　Ⅰ.①三… Ⅱ.①许… Ⅲ.①模具－计算机辅助设计
－应用软件－职业教育业－教材　Ⅳ.①TG76－39

中国版本图书馆 CIP 数据核字(2015)第 314493 号

三维建模基础实训：Pro/E Wildfire 5.0 版

主　　编/许鹏辉
责任编辑/常　钰　孙文婷
出版发行/江苏大学出版社
地　　址/江苏省镇江市梦溪园巷 30 号(邮编：212003)
电　　话/0511-84446464(传真)
网　　址/http：// press. ujs. edu. cn
排　　版/镇江华翔票证印务有限公司
印　　刷/虎彩印艺股份有限公司
经　　销/江苏省新华书店
开　　本/787 mm×1 092 mm　1/16
印　　张/14.5
字　　数/343 千字
版　　次/2016 年 1 月第 1 版　2016 年 1 月第 1 次印刷
书　　号/ISBN 978-7-5684-0024-4
定　　价/33.00 元

如有印装质量问题请与本社营销部联系(电话：0511-84440882)

前　言

　　Pro/Engineer 是美国 PTC 公司的产品,于 1988 年问世。10 多年来,经历 20 余次改版,已成为全世界最普及的 3D CAD/CAM 系统的标准软件,广泛应用于电子、机械、模具、工业设计、汽车、航天、家电、玩具等行业。Pro/Engineer 是全方位的 3D 产品开发软件包,由许多模块组成,包括草图模块、零件模块、绘图模块和组件模块等。Pro/Engineer 和 Pro/DESINGER(造型设计)、Pro/MECHANICA(功能仿真)、机构仿真等相关软件,集合了零件设计、产品装配、模具开发、加工制造、钣金件设计、铸造件设计、工业设计、逆向工程、自动测量、机构分析、有限元分析、产品数据库管理等功能,从而使用户缩短了产品开发的时间并简化了开发的流程。

　　Pro/Engineer 已成为中职院校相关工程专业学生必修的工程软件之一。本书是针对中职学生的特点所编制的一本实用性教材。本书采用项目引领、任务驱动的形式进行编写,真正做到“边做边学”。本书所有项目均为典型实例,并采用图文配合的表现形式,清楚直观,可以激发读者的学习兴趣。

　　根据读者的学习特点和学习需求,本书的项目设置由浅入深,循序渐进,依次介绍了 Pro/E 5.0 基础知识、基准的创建、草绘设计、三维实体建模四个项目。每个项目包含若干任务,具体结构如下:

　　◆ 任务目标:让读者充分了解当前任务所要达到的目标。

　　◆ 任务内容:给出当前任务的具体内容,让读者带着任务学习。

　　◆ 任务分析:对当前任务进行分析,给读者提供当前任务的学习思路。

　　◆ 相关知识:对相关知识点进行系统的介绍,使读者通过完成任务掌握相关知识点。

　　◆ 任务实施:精选 Pro/E 5.0 典型操作实例,通过一步步完成任务,使读者掌握所有相关操作。

　　◆ 拓展练习:针对每个项目设置相关拓展练习,使读者进一步掌握 Pro/E 5.0 的相关操作。

　　本书的章节设置以项目实例为基本线索,既可以作为初学者的学习教材,也可以作为有一定基础的读者的参考教材,读者在学习时可根据自身情况进行灵活选择。

　　本书由江苏省交通技师学院许鹏辉主编,薛娟副主编,镇江市信息中等专业学校姜秀和江苏省交通技师学院高娟、梁晓明、孙汝杰参编。其中高娟编写项目一;孙汝杰编写项目二;梁晓明编写项目三任务 3.1、任务 3.2;姜秀编写任务 3.3、任务 3.4、任务 3.5、任务 3.6;薛娟编写项目四任务 4.1、任务 4.2、任务 4.3、任务 4.4、任务 4.5、任务 4.6;许鹏辉编写任务 4.7、任务 4.8、任务 4.9、任务 4.10、任务 4.11 并统稿。

虽然编者在编写过程中本着认真负责的态度,精益求精,认真核查,反复校对,但由于时间仓促,编者水平有限,书中难免存在疏漏之处,敬请广大读者批评指正。

编　者

2015 年 12 月

Contents

目　录

项目一

1

Pro/E 5.0 基础知识

任务 1.1　三维建模入门

任务 1.2　常用工具按钮介绍

三维建模入门

任务目标

◎熟悉 Pro/E 5.0 的启动和退出
◎熟悉 Pro/E 5.0 的工作界面
◎掌握 Pro/E 5.0 的文件管理
◎掌握 Pro/E 5.0 三维建模的一般操作过程

任务内容

运用 Pro/E 5.0 完成如图 1-1 所示的垫圈造型图,掌握 Pro/E 5.0 三维建模的一般操作过程。

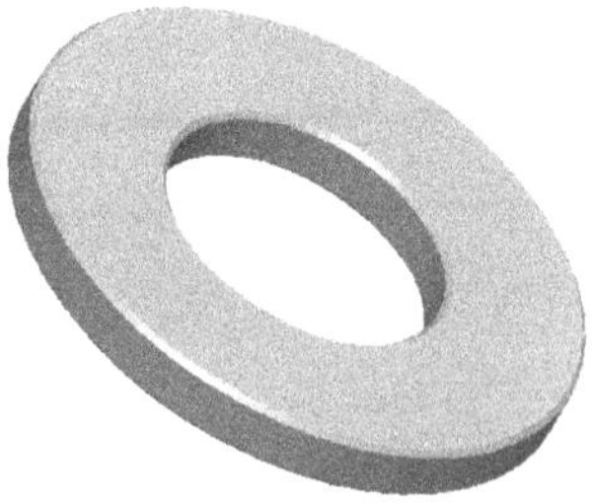

图 1-1　垫圈

任务分析

通过本任务的学习,可以掌握三维建模的一般操作过程,掌握 Pro/E 5.0 的启动与退出、工作界面及文件管理。

相关知识

1. Pro/E 5.0 的启动
启动 Pro/E 5.0 有下列两种方法:
① 双击桌面上 Pro/ENGINEER Wildfire 5.0 快捷方式图标。
② 单击任务栏上的"开始"|"程序"|PTC|Pro ENGINEER|Pro ENGINEER。

2. Pro/E 5.0 工作界面
Pro/E 5.0 的工作界面如图 1-2 所示。

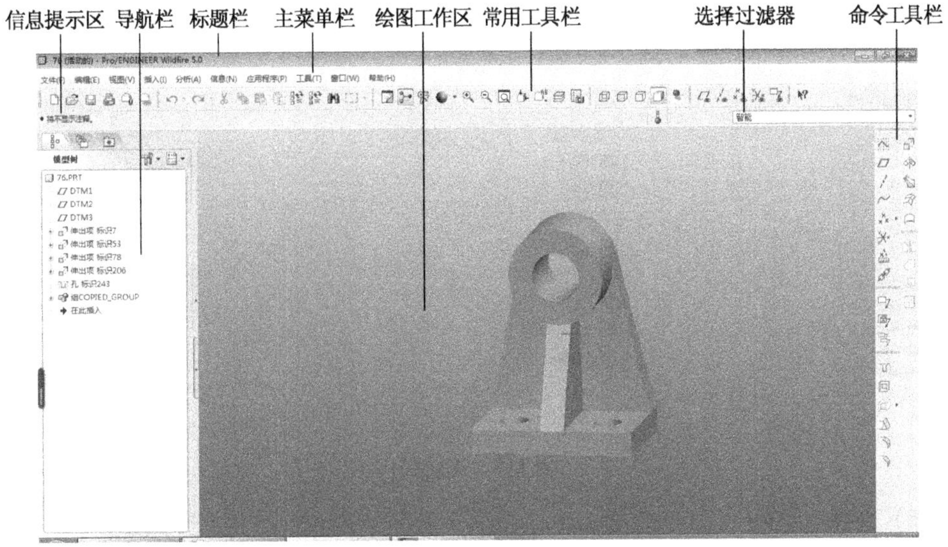

信息提示区　导航栏　标题栏　　主菜单栏　绘图工作区　常用工具栏　　　选择过滤器　　命令工具栏

图 1-2　Pro/E 5.0 工作界面

（1）标题栏

标题栏位于工作界面的最上方,用于显示当前正在运行的 Pro/ENGINEER Wildfire 5.0 应用程序名称和打开的文件名等信息。

（2）主菜单栏

主菜单栏位于标题栏的下方,默认共有 10 个菜单项,包括"文件""编辑""视图""插入""分析""信息""应用程序""工具""窗口""帮助",如图 1-3 所示。单击菜单项将打开对应的下拉菜单,下拉菜单显示与该菜单项有关的命令选项。调用不同的模块,菜单栏的内容会有所不同。

文件(F)　编辑(E)　视图(V)　插入(I)　分析(A)　信息(N)　应用程序(P)　工具(T)　窗口(W)　帮助(H)

图 1-3　主菜单栏

（3）常用工具栏

常用工具栏位于主菜单栏的下方,如图 1-4 所示。它以图标的形式直观地表示工具的作用,相当于菜单中某些指令的快捷按钮。将鼠标指针停留在工具栏某一按钮上,则会显示该按钮对应的功能提示。

图 1-4　常用工具栏

（4）信息提示区

信息提示区位于导航栏上方,主要对当前窗口中的操作做出简要说明或提示。对于需要输入数据的操作,会在该区出现一个文本框,供用户输入数据。

（5）导航栏

导航栏位于绘图区的左侧,在导航栏顶部依次排列着"模型树"、"文件夹浏览器"和

"收藏夹"三个选项卡,它们之间可以通过导航栏上方的选项卡进行切换,如图1-5所示。单击导航栏右侧的按钮可以显示和隐藏导航栏。

图1-5 导航栏

（6）选择过滤器

选择过滤器位于绘图区的右上角。利用过滤器可以设置要选取特征的类型,这样可以非常快捷地选取要操作的对象。

（7）命令工具栏

命令工具栏位于绘图工作区的右侧。将使用频繁的特征操作命令以快捷图标按钮的形式显示在这里,用户可以根据需要设置快捷图标的显示状态。调用不同的模块,在该区显示的快捷图标有所不同,如图1-6所示。

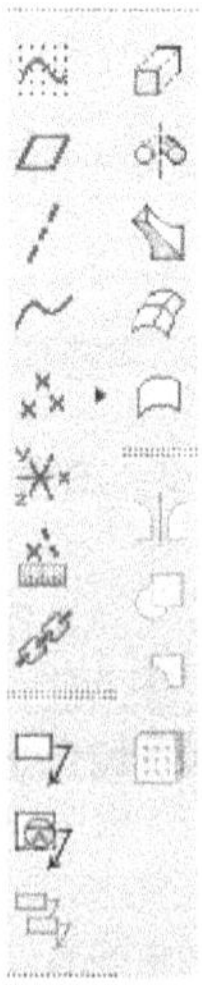

图1-6 命令工具栏

（8）绘图工作区

绘图区是工作界面中间的空白区域。在默认情况下,背景颜色是灰色,用户可以在该区域绘制、编辑和显示模型。单击下拉菜单执行"视图"|"显示设置"|"系统颜色"命令,弹出如图1-7所示"系统颜色"对话框,在该对话框中单击"布置"命令按钮,在下拉菜单中选择背景颜色,如图1-8所示,再单击"确定"按钮,则绘图区背景颜色自动改变。

图 1-7　"系统颜色"对话框 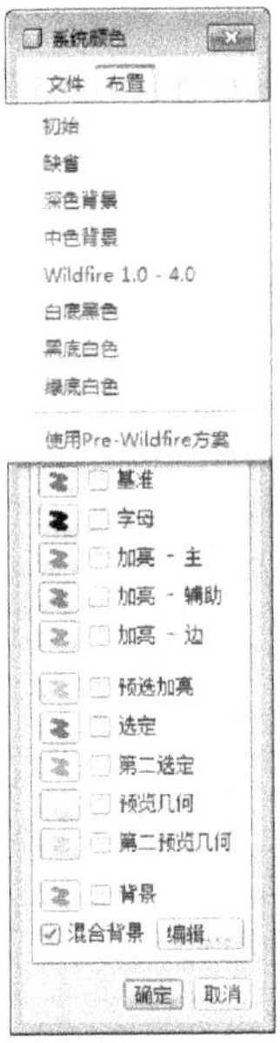　　　　图 1-8　背景颜色选项

3．文件管理

（1）新建文件

在 Pro/E 5.0 中可以利用"新建"命令调用相关的功能模块，创建不同类型的新文件。

调用命令的方式如下：

菜单：执行"文件"|"新建"命令。

图标：单击常用工具栏中的图图标按钮。

启动 Pro/E 5.0 后，调用"新建"命令，系统弹出"新建"对话框，如图 1-9 所示。

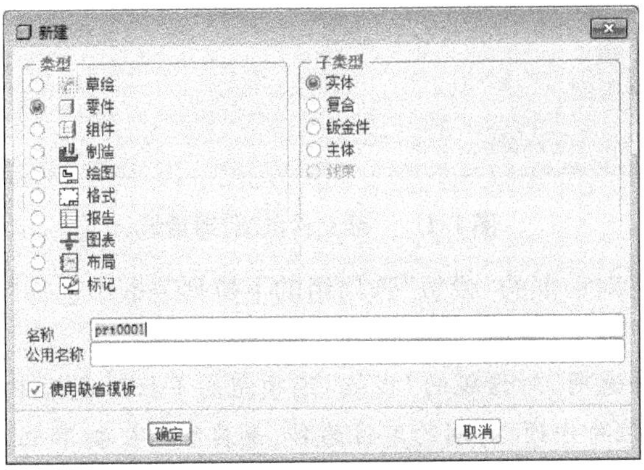

图 1-9　"新建"对话框

在"新建"对话框的"类型"选项组中，常用的文件类型包括：

◆ 草绘：绘制二维剖面，文件扩展名为". sec"。

◆ 零件：基于特征的三维零件造型，文件扩展名为". prt"。

◆ 组件:基于零件和子装配件的三维装配件设计,文件扩展名为".asm"。

◆ 绘图:制作二维工程图,文件扩展名为".drw"。

在"名称"文本框中,用户可以根据需要输入文件名。如不想使用缺省模板创建文件,或者不确定缺省模板的设置,可以取消勾选"使用缺省模板"复选框,如图1-10所示。单击"确定"按钮,系统弹出"新文件选项"对话框,如图1-11所示。

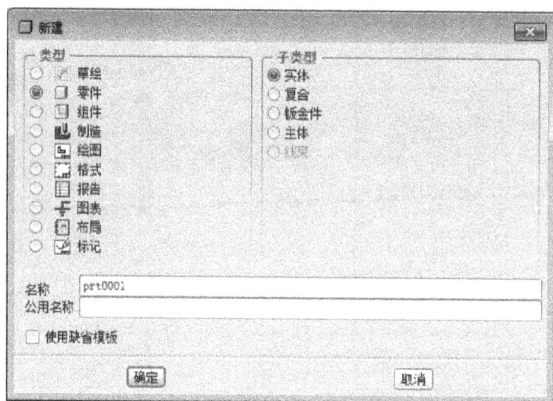

图1-10　设置"新建"对话框

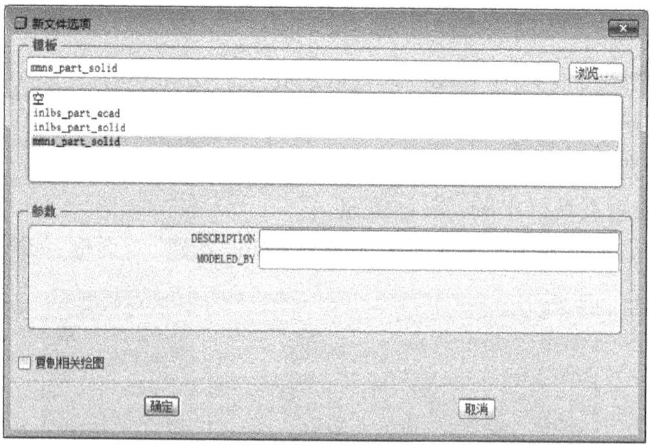

图1-11　"新文件选项"对话框

在"新文件选项"对话框的"模板"选项组的下拉列表框中选择"mmns_part_solid",如图1-11所示。单击"确定"按钮,完成新建文件。

注意:在"新文件选项"对话框的"模板"选项组的下拉列表框中,"mmns"表示长度的单位为毫米,力的单位为牛顿,时间的单位为秒,是典型的公制单位;"part"表示模板类型为零件;"solid"表示模板类型为实体。其他以"inlbs"开头的模板都是采用的英制单位。

(2)打开文件

利用"打开"命令可以打开已保存的文件。

调用命令的方式如下:

菜单:执行"文件"|"打开"命令。

图标:单击常用工具栏中的图标按钮。

调用"打开"命令后,系统会弹出"文件打开"对话框,如图 1-12 所示。选择要打开的文件所在的文件夹,再选择需要打开的文件,单击"预览"按钮可以预览该文件,单击"打开"按钮可以打开该文件。

图 1-12 "文件打开"对话框

(3) 设置工作目录

工作目录是指储存 Pro/ENGINEER 文件的区域。一般情况下,缺省工作目录是 Pro/ENGINEER 的启动目录。"设置工作目录"命令可以直接按照设置好的路径在指定的目录中打开和保存文件。

调用命令的方式如下:

菜单:执行"文件"|"设置工作目录"命令。

调用"设置工作目录"命令后,系统弹出"选取工作目录"对话框,如图 1-13 所示。在该对话框中可选择需要设置为工作目录的文件夹,单击"确定"按钮,即可完成设置。

图 1-13 "选取工作目录"对话框

（4）保存文件

要以当前的文件名在当前工作目录下保存当前文件,可以使用"保存"命令。

调用命令的方式如下:

菜单:执行"文件"|"保存"命令。

图标:单击常用工具栏中的⊟图标按钮。

调用"保存"命令,系统弹出"保存对象"对话框,在该对话框中单击"确定"按钮,即可完成文件的保存,如图1-14所示。

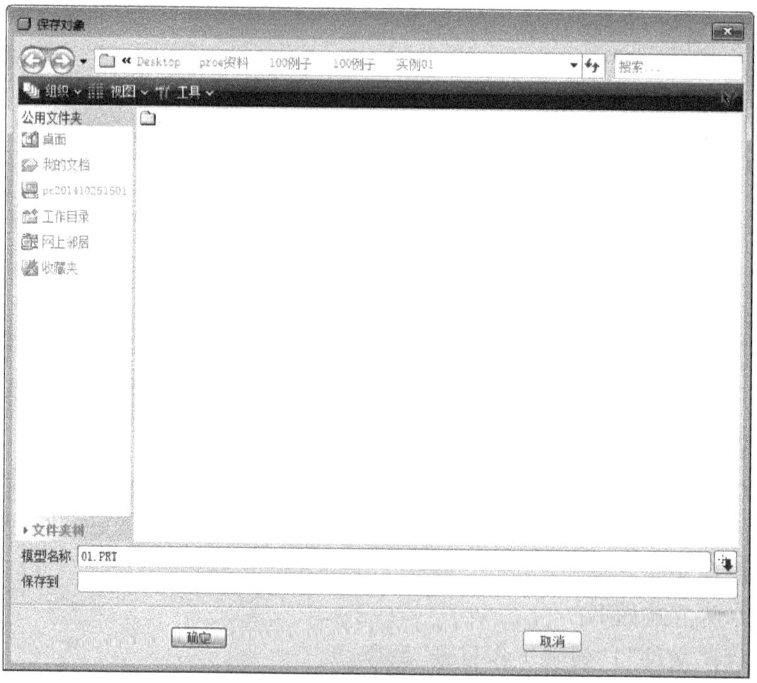

图1-14　"保存对象"对话框

（5）保存副本

"保存副本"命令可以用新文件名和新路径保存当前图形或将当前图形保存为其他类型的文件。

调用命令的方式如下:

菜单:执行"文件"|"保存副本"命令。

调用"保存副本"命令,系统弹出"保存副本"对话框,如图1-15所示。在对话框中可以设置新的保存路径、文件名和文件类型。单击"确定"按钮,即可完成文件保存。

（6）备份文件

"备份"命令可以将文件序列保存在另一个目录中,并且所备份文件的文件名与原始文件的文件名相同。

调用命令的方式如下:

菜单:执行"文件"|"备份"命令。

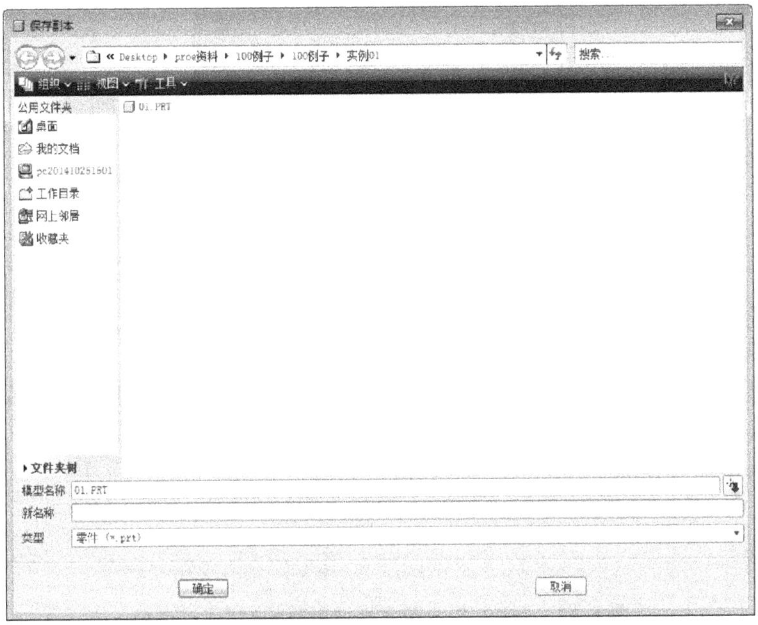

图 1-15　"保存副本"对话框

调用"备份"命令,系统弹出"备份"对话框,在该对话框中指定一个新的路径,单击"确定"按钮,即可完成文件备份,如图 1-16 所示。

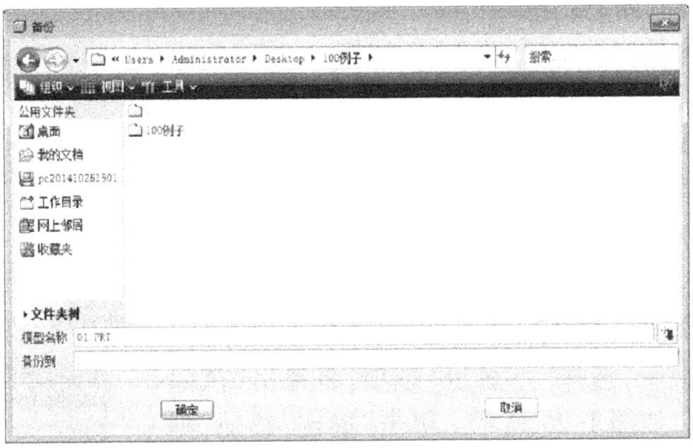

图 1-16　"备份"对话框

(7) 删除文件

"删除"命令可以删除当前零件的所有版本文件或者仅删除其所有旧版本文件。

◆ 删除所有版本文件

调用命令的方式如下:

菜单:执行"文件"|"删除"|"所有版本"命令。

调用"删除"命令,选择"所有版本"选项后,将弹出"删除所有确认"对话框,如图 1-17 所示。单击"是"按钮,则删除当前零件的所有版本文件。

图 1-17　"删除所有确认"对话框

◆ 删除旧版本文件

调用命令的方式如下：

菜单：执行"文件"|"删除"|"旧版本"命令。

调用"删除"命令，选择"旧版本"选项，将弹出"输入其旧版本要被删除的对象"对话框，如图 1-18 所示。输入要被删除的对象的文件名，单击 ✔ 按钮，则该零件的旧版本文件被删除，只保留最新版本。

图 1-18　"输入其旧版本要被删除的对象"对话框

（8）拭除文件

"拭除"命令可以拭除内存中的文件，但并没有删除硬盘中的原文件。

◆ 拭除当前文件

调用命令的方式如下：

菜单：执行"文件"|"拭除"|"当前"命令。

调用"拭除"命令，选择"当前"选项，将弹出"拭除确认"对话框，如图 1-19 所示。单击"是"按钮，则将当前活动窗口中的零件文件从内存中删除。

◆ 拭除不显示文件

调用命令的方式如下：

菜单：执行"文件"|"拭除"|"不显示"命令。

图 1-19　"拭除确认"对话框

调用"拭除"命令，选择"不显示"选项，将弹出"拭除未显示的"对话框，如图 1-20 所示。单击"确定"按钮，则将所有没有显示在当前窗口中的零件文件从内存中删除。

（9）关闭窗口

关闭当前模型工作窗口，调用命令的方式如下：

菜单：执行"文件"|"关闭窗口"命令，或者执行"窗口"|"关闭"命令。

图标：单击当前模型工作窗口标题栏右端的 ☒ 图标按钮。

图 1-20　"拭除未显示的"对话框

4. Pro/E 5.0 的退出

退出 Pro/ENGINEER Wildfire 5.0 调用命令的方式如下：

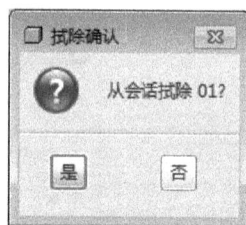

菜单:执行"文件"|"退出"命令。

图标:单击 Pro/ENGINEER Wildfire 5.0 应用程序主窗口标题栏右端的☒图标按钮。

任务实施

以上介绍了 Pro/E 5.0 的工作界面,下面以图 1-1 所示垫圈为例,具体阐述 Pro/E 5.0 三维建模的一般操作过程。

☞**STEP 1**　启动 Pro/E 5.0

单击任务栏上的"开始"|"程序"|PTC|Pro ENGINEER|Pro ENGINEER,进入 Pro/ENGINEER 界面,如图 1-21 所示。

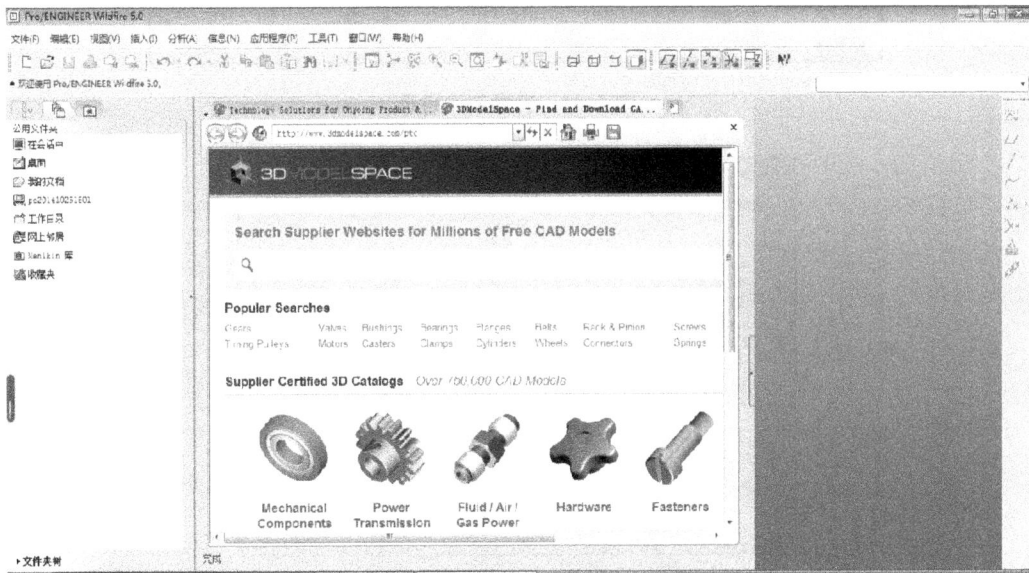

图 1-21　启动 Pro/E 5.0 界面

☞**STEP 2**　设置工作目录

执行"文件"|"设置工作目录"命令,弹出"选取工作目录"对话框,选取要保存文件的工作目录,如图 1-22 所示,完成后,单击"确定"按钮。

☞**STEP 3**　进入零件设计模块

◆ 调用"新建"命令,弹出"新建"对话框。

◆ 选择"零件"模块,子类型模块为"实体"。

◆ 在"名称"文本框中输入文件名"dianquan",如图 1-23 所示。

◆ 取消勾选"使用缺省模板"复选框。单击"确定"按钮,在弹出的"新文件选项"对话框中,选择"mmns_part_solid",单击"确定"按钮,进入零件设计模块,如图 1-24 所示。

图 1-22　设置工作目录

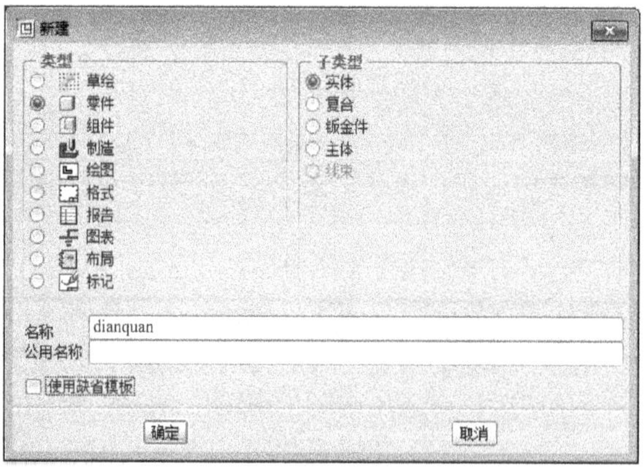

图 1-23　新建"dianquan"文件

图 1-24　零件设计模块工作界面

注意:在缺省的情况下"使用缺省模板"被选中,一般要先取消,然后选择公制模板
"mmns_part_solid"。

☞**STEP 4** 调用拉伸命令

单击命令工具栏上的"拉伸"按钮 ,弹出"拉伸"面板,如图1-25所示。

图1-25 "拉伸"面板

☞**STEP 5** 选取草绘平面

◆ 单击"放置"|"定义"按钮,弹出"草绘"对话框,如图1-26所示。

图1-26 "草绘"对话框

◆ 在绘图工作区选择 FRONT 平面,如图1-27所示,完成后,单击"草绘"按钮,进入
草绘界面。

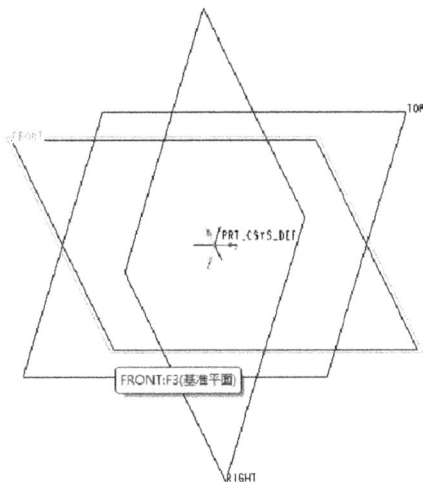

图1-27 选取草绘平面

☞**STEP 6** 草绘图形

使用草绘工具绘制图形,如图1-28所示,完成后单击 ✔ 按钮。

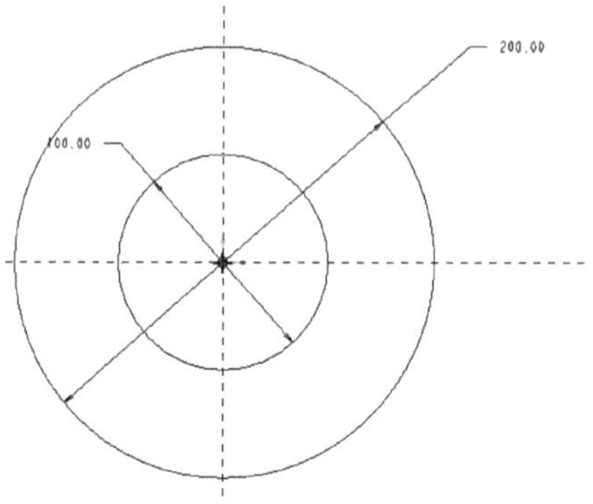

图 1-28　绘制草绘图形

☞**STEP 7**　设置拉伸参数

回到"拉伸"面板,设置参数,如图 1-29 所示。

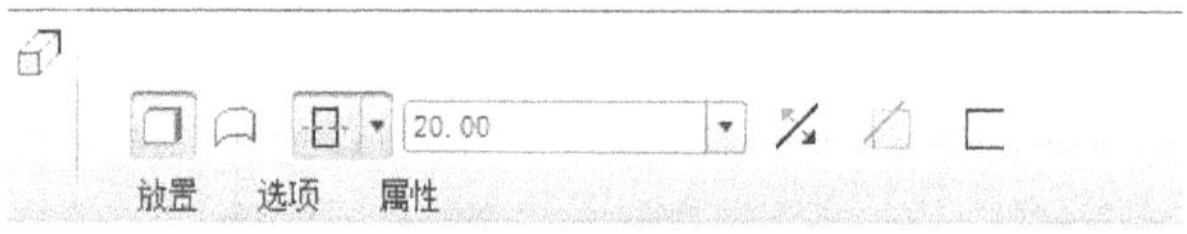

图 1-29　拉伸参数设置

☞**STEP 8**　生成拉伸实体

图形预览正确后,单击 ✔ 按钮,生成实体,如图 1-30 所示。

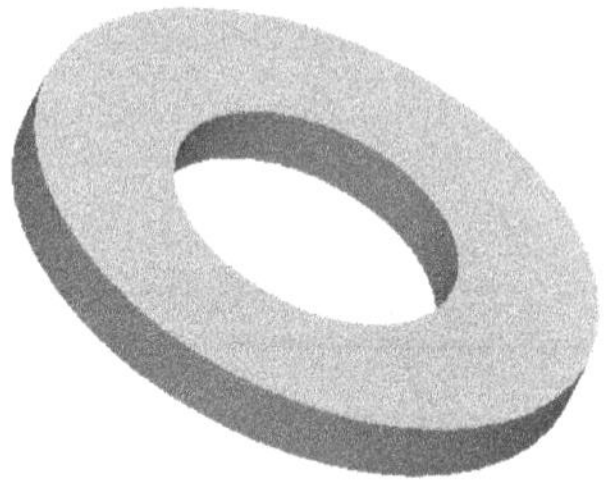

图 1-30　生成拉伸实体

☞**STEP 9**　创建倒角

◆ 单击命令工具栏上的"倒角"按钮 ，弹出"倒角"面板,如图 1-31 所示进行倒角参数设置。

图 1-31　倒角参数设置

◆ 在绘图区选择需要倒角的边线,图形预览正确后,单击 ✔ 按钮,生成倒角,完成实体,如图 1-32 所示。

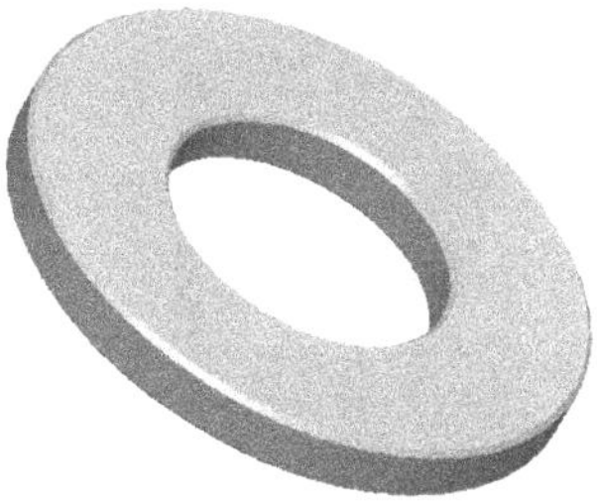

图 1-32　生成的倒角

☞**STEP 10**　保存文件

完成以上操作后，单击"文件"|"保存"，进行文件的保存。

拓展练习

1. 简述 Pro/E 5.0 启动并进入零件设计模块的操作过程。
2. 简述利用 Pro/E 5.0 进行三维建模设计的一般创建过程。

任务 1.2　常用工具按钮介绍

任务目标

◎熟悉绘图窗口的视图操作
◎掌握鼠标的使用方法

任务内容

打开如图 1-33 所示的模型示例，完成模型的显示、观察与定向的操作，熟悉绘图窗口的视图操作，进行鼠标按键的使用练习。

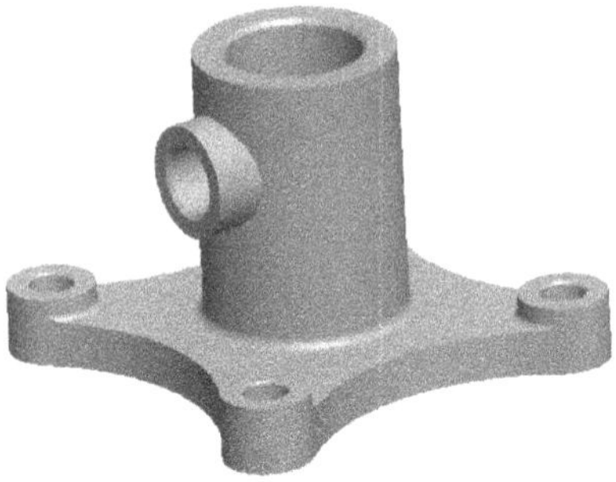

图 1-33　模型示例

任务分析

通过本任务的学习,可以熟练掌握鼠标的使用,并可以通过绘图窗口查看模型,以及对模型进行操作。

相关知识

1. 鼠标的使用

在 Pro/E 5.0 的工作环境中,鼠标左键、中键和右键均含有特殊的功能,并且三个按键还可以配合键盘的【Ctrl】,【Shift】键执行其他的功能,如表 1-1 所示。

表 1-1　鼠标按键的功能和使用

鼠标按键	使用区域	可执行动作
左键	绘图区	选取元素
【Ctrl】+左键	绘图区	同时选取多个元素
【Ctrl】+左键	导航栏	同时选取多个特征
中键	弹出对话框	确定
中键(滚动)	绘图区	缩放图形
中键(移动)	绘图区	旋转图形
【Shift】+中键(移动)	绘图区	平移图形

2. 模型显示

在 Pro/E 5.0 中模型的显示方式有五种,它既可以执行下拉菜单中的"视图"|"显示设置"|"模型显示"命令,在"模型显示"对话框中设置,也可以单击"模型显示"工具栏中的图标按钮来控制,如图 1-34 所示。

图 1-34　"模型显示"工具栏

① 线框▢:使隐藏线显示为实线,如图 1-35 a 所示。

② 隐藏线▢:使隐藏线以灰色显示,如图 1-35 b 所示。

③ 消隐▢:不显示隐藏线,如图 1-35 c 所示。

④ 着色▢:模型着色显示,如图 1-35 d 所示。

⑤ 增强的真实感▧:加强模型显示的真实感,如图 1-35 e 所示。

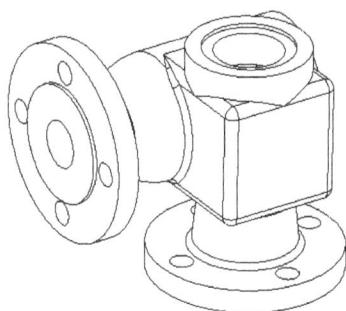

(a) "线框"显示   (b) "隐藏线"显示

(c) "消隐"显示   (d) "着色"显示

(e) "增强的真实感"显示

图 1-35 模型显示的五种状态

3．基准显示

在 Pro/E 5.0 中基准的显示工具有五种，它既可以执行下拉菜单中的"视图"|"显示设置"|"基准显示"命令，在"基准显示"对话框中设置，也可以单击"基准显示"工具栏中的图标按钮来控制，如图 1-36 所示。

图 1-36　"基准显示"工具栏

① 平面显示 ：控制是否显示基准平面。

② 轴显示 ：控制是否显示基准轴。

③ 点显示 ：控制是否显示基准点。

④ 坐标系显示 ：控制是否显示坐标系。

⑤ 注释元素显示 ：控制是否显示注释特征。

在图 1-37 所示的界面中，以上五个工具按钮都处于激活状态。在"基准显示"工具栏中依次单击这些工具按钮，并观察绘图窗口中相应的显示状态。

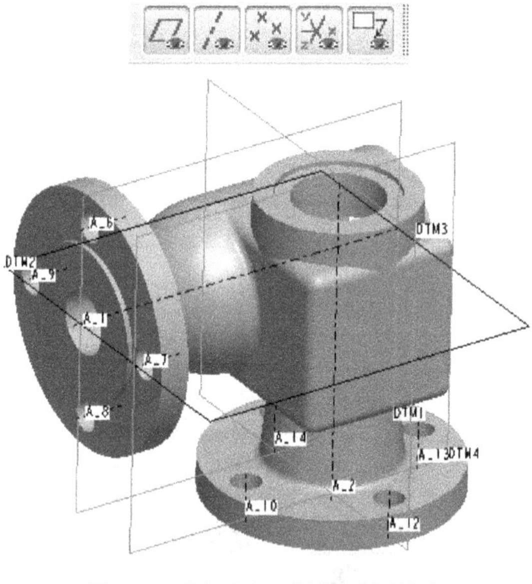

图 1-37　"基准显示"按钮激活状态

4．模型观察

为了从不同角度观察模型局部细节，需要放大、缩小、平移和旋转模型。在 Pro/E 5.0 中，可以用鼠标的三键来完成下列不同的操作。

① 旋转：按住鼠标中键 + 移动鼠标。

② 平移：按住鼠标中键 +【Shift】键 + 移动鼠标。

③ 缩放：按住鼠标中键 +【Ctrl】键 + 垂直移动鼠标。

④ 翻转：按住鼠标中键 +【Ctrl】键 + 水平移动鼠标。

⑤ 动态缩放：转动中键滚轮。

另外,常用工具栏中还有以下与模型观察相关的图标按钮,其操作方法与 AutoCAD 中的相关命令非常类似。

① 缩小🔍:缩小模型。

② 放大🔍:放大模型。

③ 重新调整🔍:相对屏幕重新调整模型,使其完全显示在绘图窗口。

④ 重画🔳:刷新当前绘图窗口中的图形。

5. 模型定向

在建模过程中,有时还需要按常用视图显示模型。此时可以单击常用工具栏中的🔲图标按钮,在其下拉列表中选择默认的视图选项,如图 1-38 所示。它包括:标准方向、缺省方向、后视图、俯视图、前视图(主视图)、左视图、右视图和仰视图。选择不同的视图选项,在绘图窗口中的模型视图就会转到相应的视图方向。

除了选择默认的视图外,用户还可以根据需要重定向视图。

操作步骤如下:

◆ 单击常用工具栏中的🔲图标按钮,弹出如图 1-39 所示"方向"对话框。

图 1-38 已命名的视图列表   图 1-39 "方向"对话框

◆ 选取 DTM4 基准平面为参照 1,DTM2 基准平面为参照 2,如图 1-40 所示。

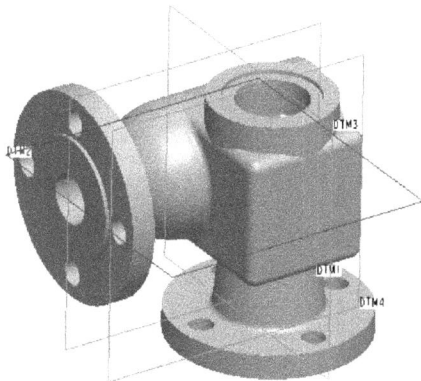

图 1-40 设置参照

◆ 单击"已保存视图"按钮,在名称文本框中输入"ZIDINGYI",单击"保存"按钮。

◆ 单击"确定"按钮,模型显示如图 1-41 所示。同时,"ZIDINGYI"视图保存在如图 1-42 所示视图列表中。

图 1-41　"ZIDINGYI"视图

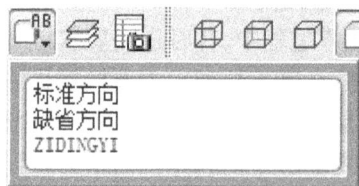

图 1-42　"ZIDINGYI"视图显示列表

任务实施

以上介绍了 Pro/E 5.0 的模型的显示、观察与定向的操作,下面通过一个实例来巩固本节所介绍的内容,实例模型如图 1-33 所示。

☞**STEP 1**　打开文件

◆ 单击"打开"按钮,弹出"文件打开"对话框,选择文件"1-33. prt",单击"打开"按钮,打开实例模型,如图 1-43 所示。

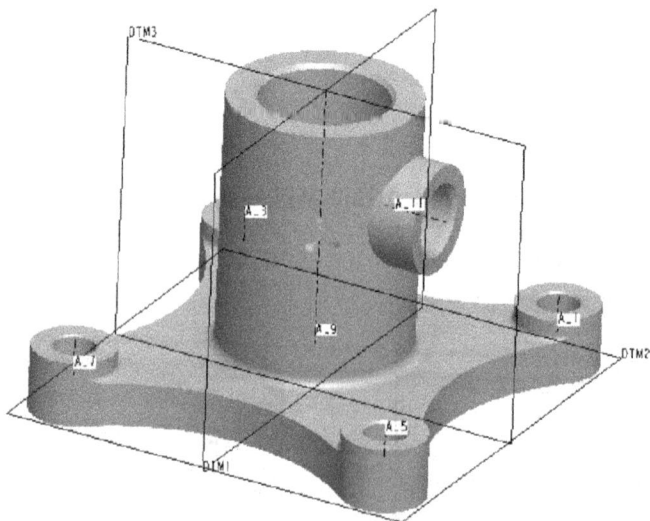

图 1-43　打开的零件模型

☞**STEP 2**　鼠标的使用

◆ 选取元素:在绘图区单击鼠标左键选取元素,也可利用【Ctrl】+左键同时选取多个元素,如图 1-44 所示。

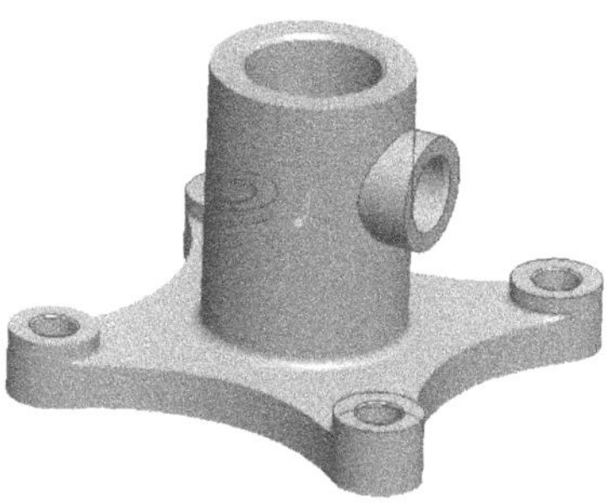

图 1-44　选取元素

◆ 选取特征:在导航栏单击鼠标左键选取特征,也可利用【Ctrl】+左键同时选取多个特征,如图 1-45 所示。

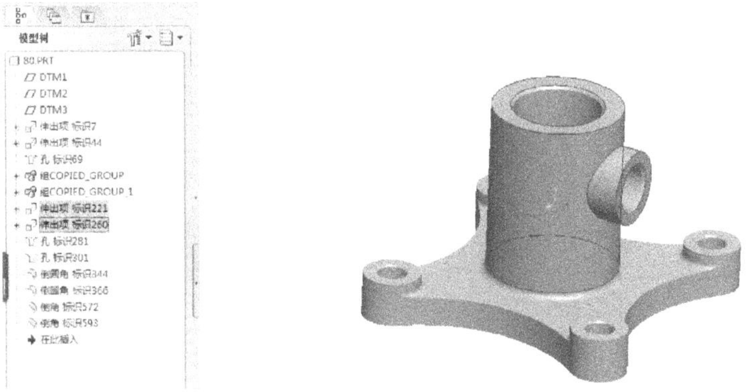

图 1-45　选取特征

◆ 缩放图形:在绘图区滚动鼠标中键,即可对图形进行放大或缩小,观察图形变化。

◆ 旋转图形:在绘图区单击鼠标中键并移动鼠标,即可旋转图形,观察图形变化。

◆ 移动图形:在绘图区按【Shift】+中键并移动,即可平移图形,观察图形变化。

☞**STEP 3**　模型观察

◆ 缩小模型:单击常用工具栏的🔍按钮,观察图形变化。

◆ 放大模型:单击常用工具栏的🔍按钮,框选模型的局部进行放大,如图 1-46 所示。

◆ 重新调整模型:单击常用工具栏的🔍按钮,模型将全部显示在绘图窗口中,如图 1-46 所示。

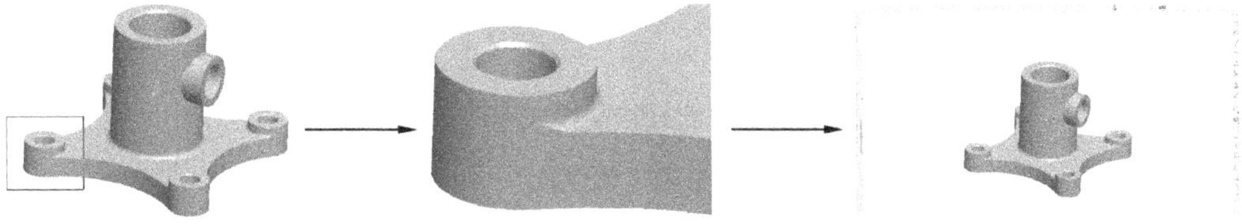

图 1-46　模型放大到重新调整模型的变化

☞**STEP 4**　模型显示

分别单击常用工具栏中的"模型显示"工具栏的五个按钮,观察模型变化,如图1-47所示。

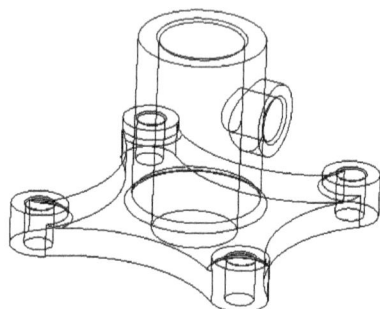

(a)"线框"显示

(b)"隐藏线"显示

(c)"消隐"显示

(d)"着色"显示

(e)"增强的真实感"显示

图1-47　模型显示

☞**STEP 5**　基准显示

单击常用工具栏上的"基准显示"按钮▨▨▨▨▨,打开各种基准显示,单击"基准显示"按钮中的"平面显示"按钮▨,关闭平面显示,观察图形变化,如图1-48所示。

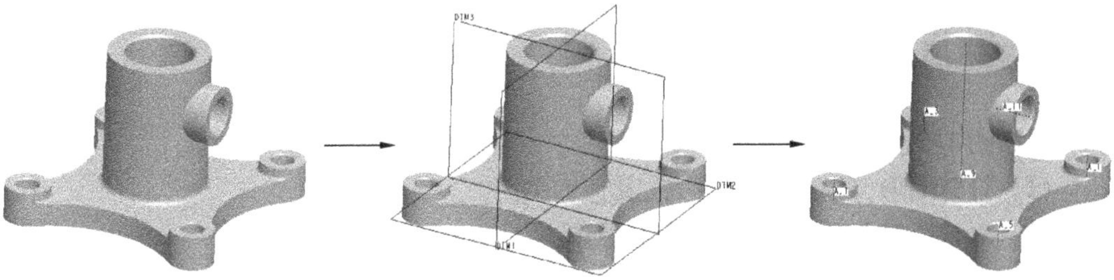

图 1-48　基准显示打开与关闭

☞**STEP 6**　重定向视图

◆ 打开常用工具栏上的"平面显示"按钮，显示基准平面。

◆ 单击常用工具栏中的图标按钮，弹出"方向"对话框。

◆ 选取 DTM1 基准平面为参照 1，DTM2 基准平面为参照 2，如图 1-49 所示。

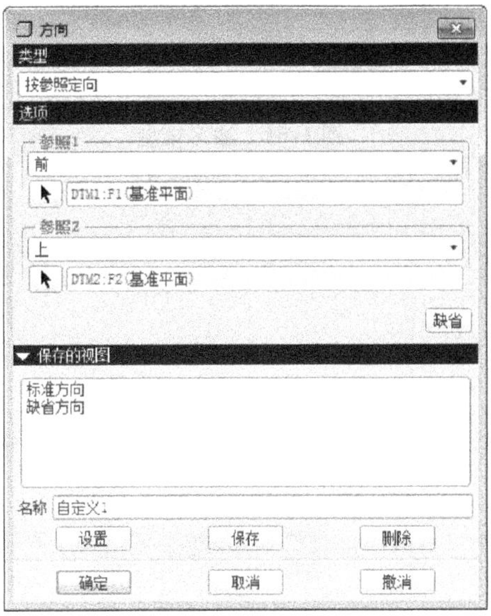

图 1-49　重定向视图设置

◆ 单击"已保存视图"按钮，在名称文本框中输入"自定义 1"，单击"保存"按钮。

◆ 单击"确定"按钮，模型显示如图 1-50 所示。

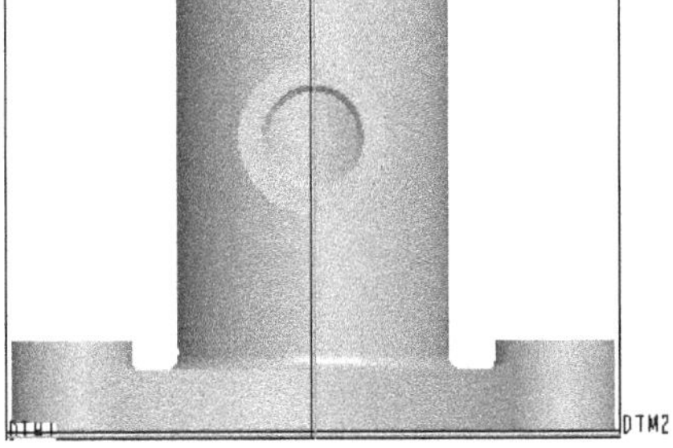

图 1-50　"自定义 1"视图

拓展练习

对如图 1-51 所示的模型进行如下操作：

（1）打开图形，只显示基准平面，其他都关闭。

（2）对视图进行放大、缩小和全屏操作。

（3）进行重定向视图操作。

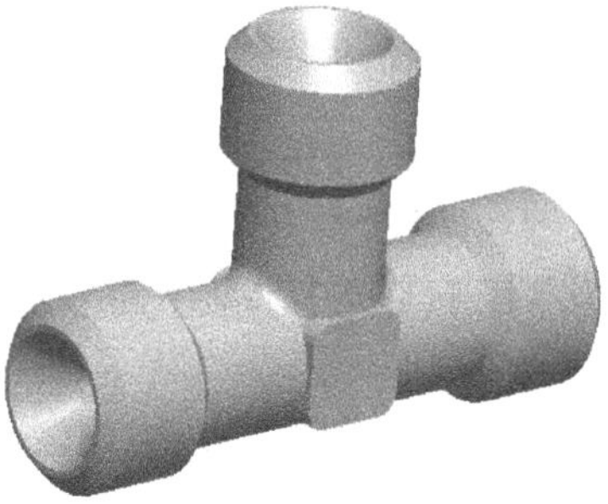

图 1-51　练习模型

项目二

基准的创建

2

任务 2.1　基准平面的设置

任务目标

◎熟悉基准平面的设置
◎掌握常用基准平面的创建方法

任务内容

创建如图 2-1 所示的六个基准平面 X1,X2,X3,X4,X5,X6。

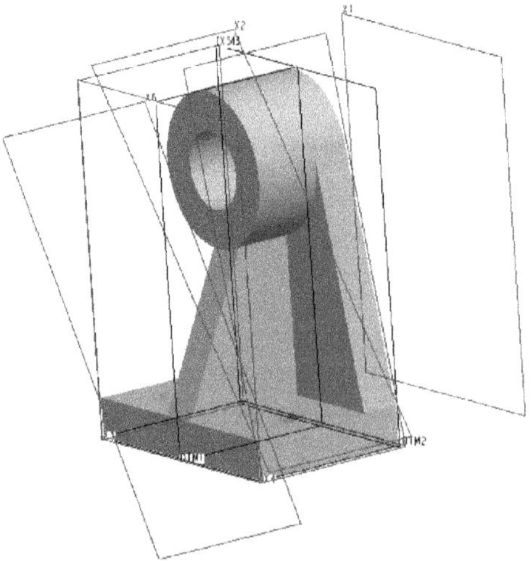

图 2-1　模型示例

任务分析

基准平面是重要的基准特征,它的功能是作为草绘平面、参考面、尺寸标注、旋转实体模型至适当视角方向、剖截面、镜像特征与零件组合装配的参考。在建模过程中,除默认的三个基准平面(即 RIGHT,TOP,FRONT 基准平面)外,往往还需要建立适当的基准平面,以便完成较复杂的模型建模。

相关知识

1. 基准平面的设置

新建一个零件文件时,如果选用系统默认的模板,则出现三个相互正交的基准平面,即 TOP,RIGHT 和 FRONT 平面,如图 2-2 所示。通常建模时要以它们作为参照。有时,还需要其他基准平面作为参照,这时就需要新建基准平面,新建基准平面的名称由系统自定义为 DTM1,DTM2,DTM3 等。

基准平面是以一个四边形的形式显示在绘图区,包括正反两面,正面观察时边界显示为褐色,反面观察时边界显示为灰褐色,如图 2-3 所示。

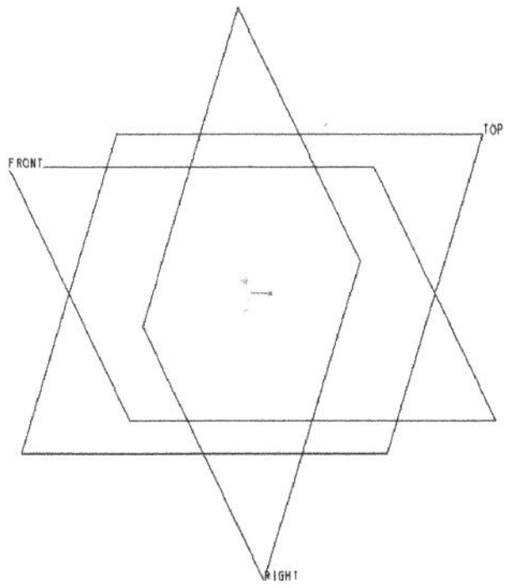

图 2-2 系统默认的基准平面 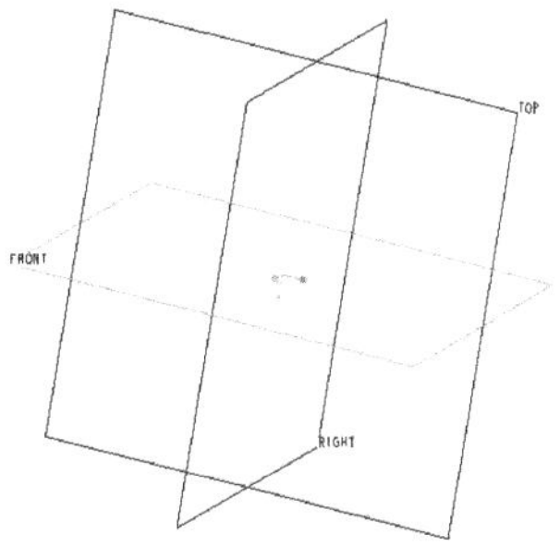   图 2-3 基准平面正反显示

基准平面既可以作为创建特征的草绘平面或参照平面,也可以用作尺寸定位或约束参照。

调用命令的方式如下:

菜单:执行"插入"|"模型基准"|"平面"命令。

图标:单击右侧命令工具栏中的 ⬜ 图标按钮。

调用"平面"命令后,系统弹出"基准平面"对话框,如图 2-4 所示。单击选项卡按钮可切换相应的选项。下面简单介绍每个选项卡的功能。

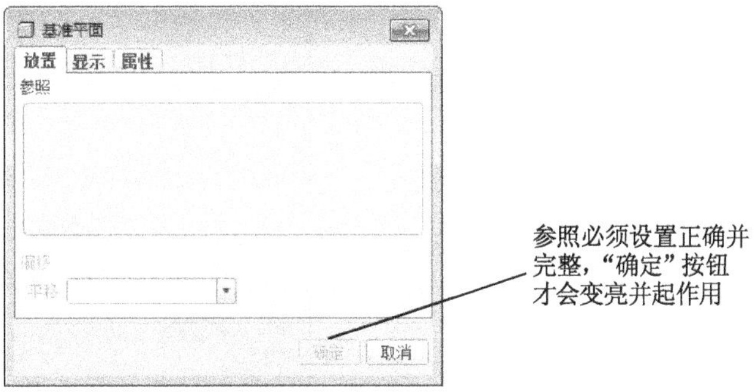

参照必须设置正确并完整,"确定"按钮才会变亮并起作用

图 2-4 "基准平面"对话框

(1)"放置"选项卡

在弹出的"基准平面"对话框中选择"放置"选项卡,进入"放置"选项的设置。该选项卡主要用来设定基准平面的位置,通过单击当前存在的平面、曲面、边、点、坐标、轴、顶点等作为参照。此外,可设置每一选定参照的约束,即指出所选参照有何定位作用,如图 2-5 所示。

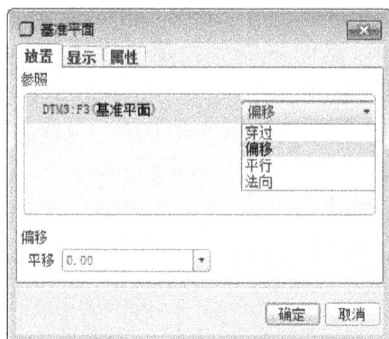

图2-5 "放置"选项卡设置

约束有以下五类：

◆ 穿过：新基准平面通过选定的参照。

◆ 偏移：将参照平面平移一定的距离构成新基准平面。输入距离为正，表示沿箭头方向偏移；输入距离为负，表示沿箭头反方向偏移。

◆ 平行：新基准平面与选定参照平行。

◆ 法向：新基准平面与选定参照垂直。

◆ 相切：新基准平面与选定参照相切。

若选定的参照不同，则对应的约束条件也不同，如图2-6所示。

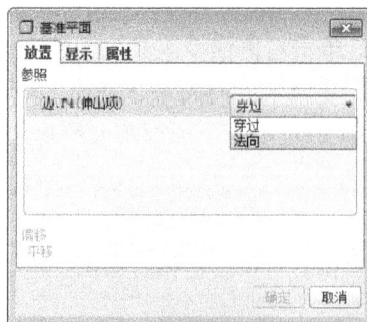

(a) 平面参照 (b) 边参照

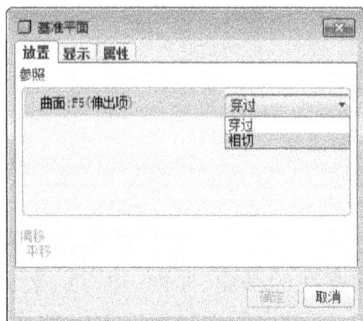

(c) 曲面参照 (d) 点参照

图2-6 不同参照对应不同约束

（2）"显示"选项卡

在弹出的"基准平面"对话框中选择"显示"选项卡，进入"显示"选项的设置，如图 2-7 所示。

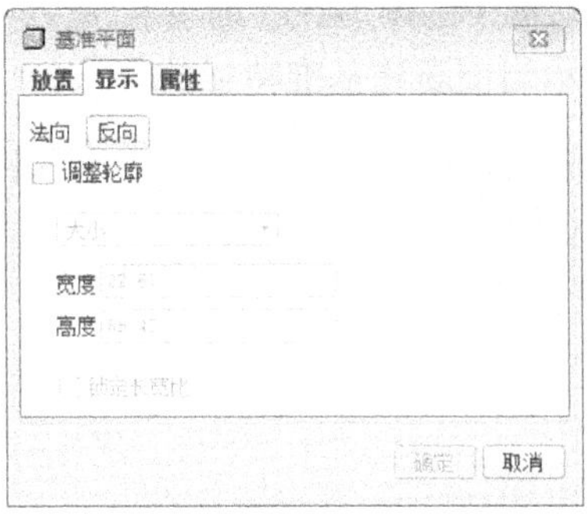

图 2-7 "显示"选项卡设置

◆ "反向"按钮：所显示为黄色箭头的反方向，如图 2-8 所示。

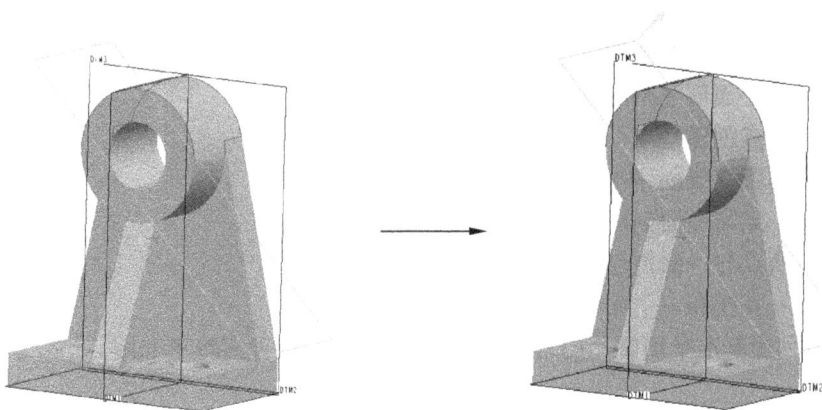

图 2-8 "反向"按钮显示

注意：黄色箭头显示方向即为新建基准平面的正方向。

◆ 调整轮廓：主要用于设置所创建基准平面显示的大小，选中"调整轮廓"复选框，激活下面的选项，就可以对平面显示的大小进行设置，如图 2-9 所示。

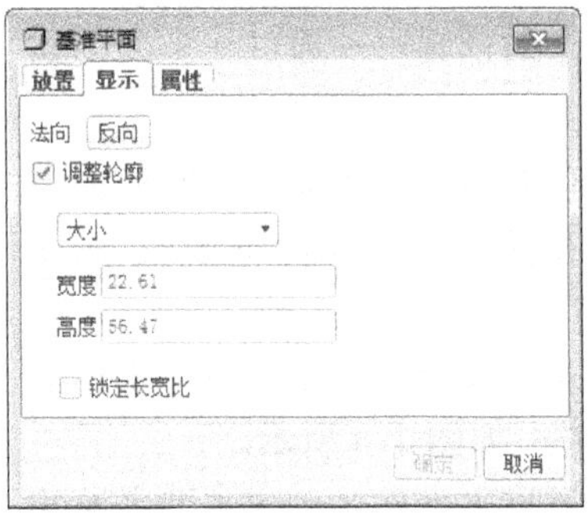

图 2-9 "调整轮廓"显示设置

注意:基准平面是一个可以无限扩大的平面,显示的边线并不限制其大小。设置合适的大小只是为了便于观察。

(3)"属性"选项卡

在弹出的"基准平面"对话框中选择"属性"选项卡,进入"属性"选项的设置,如图2-10所示。该选项卡主要用于显示当前新建基准特征的信息,也可对基准平面重新命名。

图2-10　"属性"选项卡设置

2. 常用基准平面的创建方法

① 通过一平面创建基准平面。

② 通过三点创建基准平面。

③ 通过两条直线创建基准平面。

④ 通过一点与一面创建基准平面。

⑤ 通过两点与一面创建基准平面。

⑤ 通过一直线和一平面创建基准平面。

以上是创建基准平面常用的六种方法,详细步骤在任务实施里介绍。

任务实施

☞**STEP 1**　打开文件

单击"打开"按钮,弹出"文件打开"对话框,选择文件"2-11.prt",单击"打开"按钮,打开实例模型,如图2-11所示。

☞**STEP 2**　基准平面X1的创建——通过一平面创建基准平面

通过一平面创建基准平面是将参照平面沿法向偏移指定距离来创建基准平面。参照平面可以是基准平面、实体平面或其他形式的平面。

◆ 单击界面右侧命令工具栏中的"基准平面"图标按钮 ∕⃞,弹出"基准平面"对话框,如图2-4所示。

◆ 在模型中选择DTM3基准平面作为创建基准平面的参照平面,此时模型显示和"基准平面"对话框,如图2-12所示。

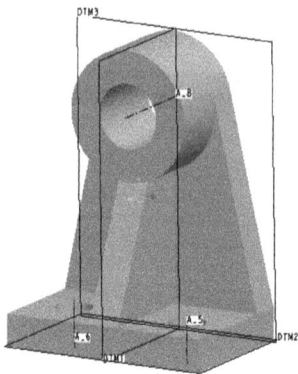

图2-11　打开的零件模型

图 2-12 选择参照平面

◆ 设置约束类型为"偏移"模式(此为默认选项),并输入平移偏距值为 – 20,按 【Enter】键,模型显示如图 2-13 所示。

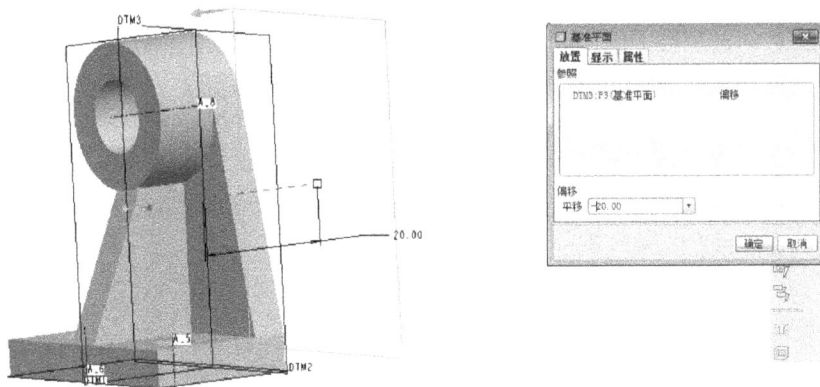

图 2-13 基准平面设置

◆ 选择"属性"选项卡,在"名称"中输入"X1",如图 2-14 所示。

图 2-14 新建基准平面命名

◆ 单击"基准平面"对话框中的"确定"按钮,完成基准平面 X1 的创建,如图 2-15 所示。

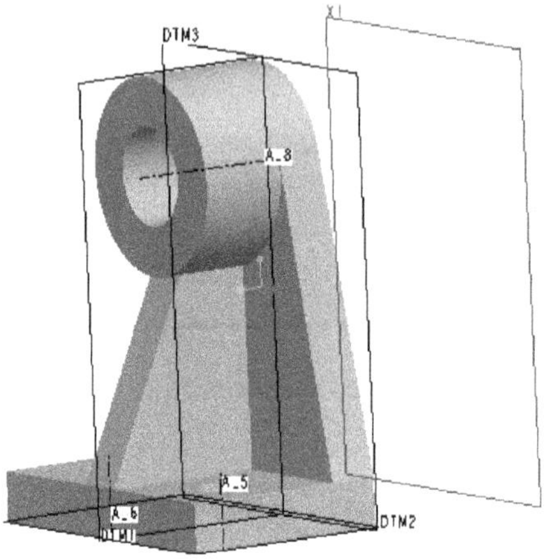

图 2-15　基准平面 X1 的创建

☞**STEP 3**　基准平面 X2 的创建——通过三点创建基准平面

通过三点创建基准平面是利用"穿过"三点确定一平面来创建的。

◆ 单击界面右侧命令工具栏中的"基准平面"图标按钮 ⬭,弹出"基准平面"对话框。

◆ 选择点 A 作为创建基准平面的第一个参照点。

◆ 按住【Ctrl】键不放,分别选择点 B、点 C 作为创建基准平面的第二个和第三个参照点,如图 2-16 所示。

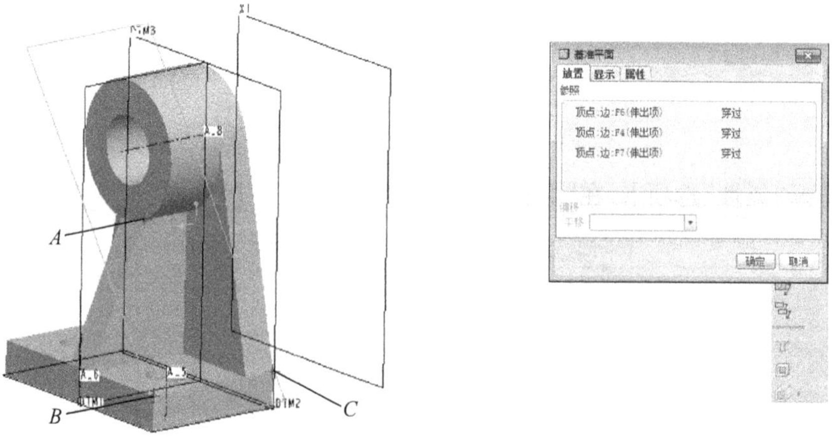

图 2-16　选择参照点

◆ 选择"属性"选项卡,在"名称"中输入"X2"。

◆ 单击"确定"按钮,创建基准平面 X2,如图 2-17 所示。

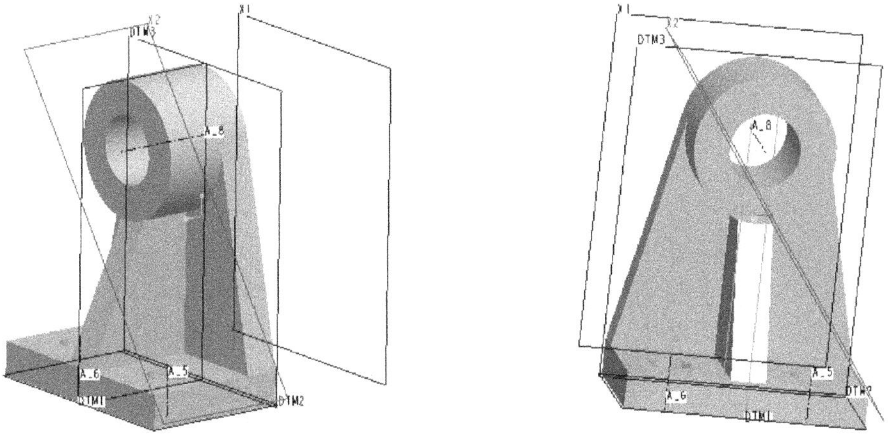

图 2-17 基准平面 X2 的创建

☞**STEP 4** 基准平面 X3 的创建——通过两条直线创建基准平面

通过两直线创建基准平面，主要是利用空间两条直线的平行或垂直关系，创建"穿过"两条平行线或"穿过"一条直线且"法向"于另外一条直线的基准平面。

◆ 单击界面右侧命令工具栏中的"基准平面"图标按钮 ▱，弹出"基准平面"对话框。

◆ 单击直线 L1 作为创建基准平面的第一条参照直线，并设置约束类型为"穿过"模式（此为默认设置）。

◆ 按住【Ctrl】键不放，选择直线 L2 作为第二条参照直线，设置约束类型为"法向"模式，如图 2-18 所示。

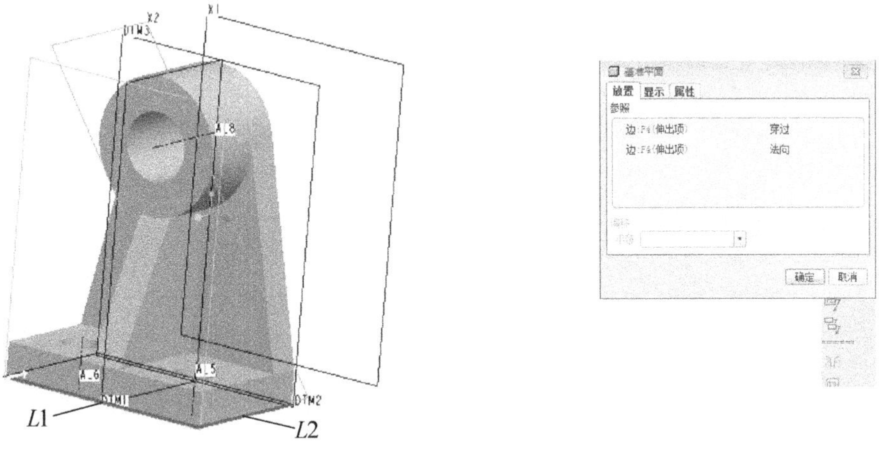

图 2-18 选择参照直线

◆ 选择"属性"选项卡，在"名称"中输入"X3"。

◆ 单击"确定"按钮，创建基准平面 X3，如图 2-19 所示。

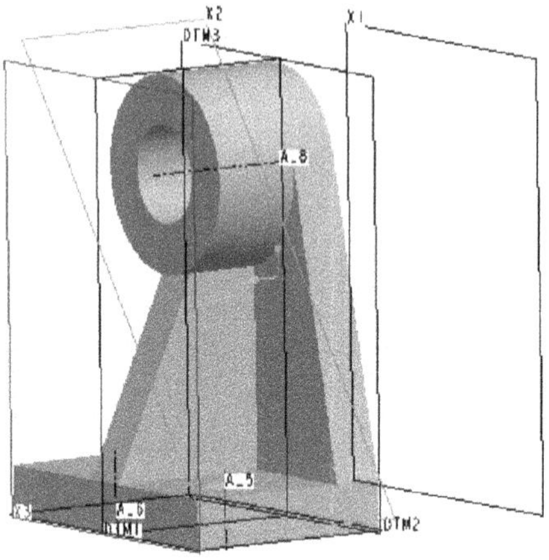

图 2-19   基准平面 X3 的创建

☞**STEP 5**   基准平面 X4 的创建——通过一点与一面创建基准平面

运用一点与一面来创建基准平面,创建的基准平面要"穿过"该点,且与选择的参照平面平行、垂直或相切。

◆ 单击界面右侧命令工具栏中的"基准平面"图标按钮▱,弹出"基准平面"对话框。

◆ 选择点 C 作为创建基准平面的参照点。

◆ 按住【Ctrl】键不放,选择曲面 Q 作为创建基准平面的参照平面,并设置约束类型为"相切"模式,如图 2-20 所示。

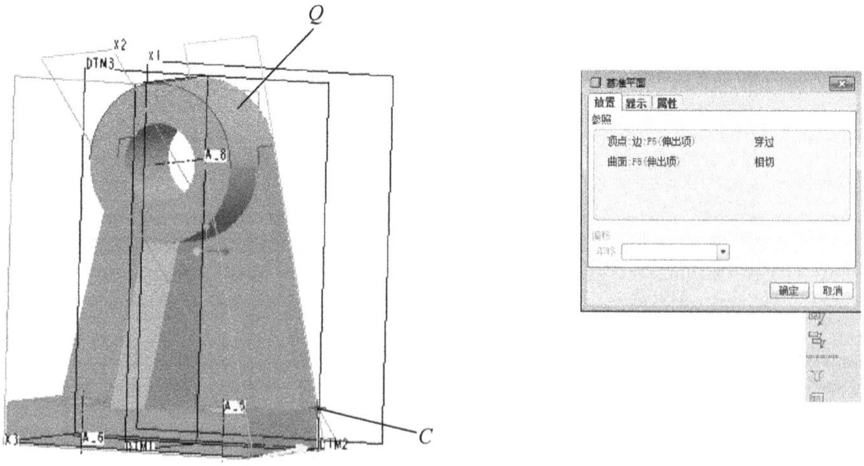

图 2-20   选择参照点和参照平面

◆ 选择"属性"选项卡,在"名称"中输入"X4"。

◆ 单击"确定"按钮,创建基准平面 X4,如图 2-21 所示。

图 2-21　基准平面 X4 的创建

☞**STEP 6**　基准平面 X5 的创建——通过两点与一面创建基准平面

通过该方式创建基准平面需要在模型上选择两个点和一个面作为参照,创建的基准平面"穿过"这两个点且"平行"或"法向"于参照面。这两个点可以包含在该参照面内,也可以不包含在该参照面内。

◆ 单击界面右侧命令工具栏中的"基准平面"图标按钮▱,弹出"基准平面"对话框。

◆ 选择点 A 作为创建基准平面的参照点。

◆ 按住【Ctrl】键不放,选择点 B 作为创建基准平面的第二个参照点。

◆ 继续按住【Ctrl】键不放,选择平面 C 作为参照平面,并设置约束类型为"平行"模式,如图 2-22 所示。

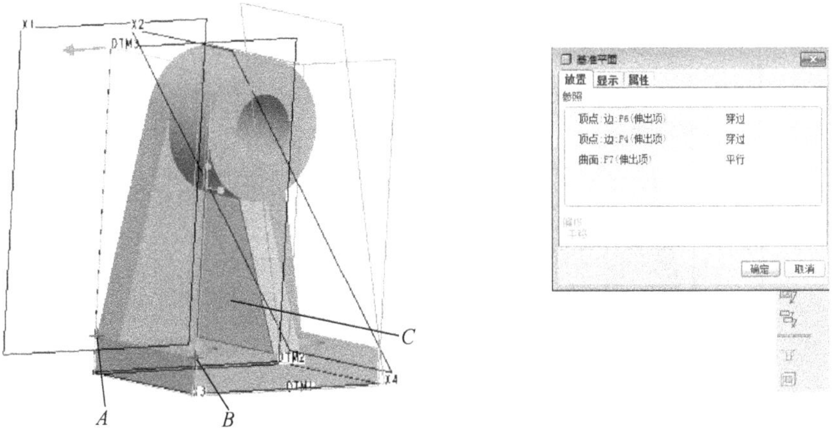

图 2-22　选择两参照点和参照平面

◆ 选择"属性"选项卡,在"名称"中输入"X5"。

◆ 单击"确定"按钮,创建基准平面 X5,如图 2-23 所示。

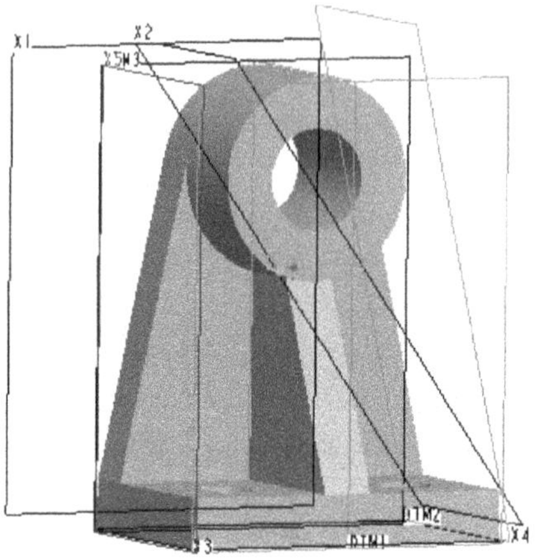

图 2-23　基准平面 X5 的创建

☞**STEP 7**　基准平面 X6 的创建——通过一直线和一平面创建基准平面

通过一直线与一平面创建基准平面,其中直线可以是实体边线或轴线。该方法常用来创建与参照平面成一定角度的基准平面。

◆ 单击界面右侧命令工具栏中的"基准平面"图标按钮 ▱,弹出"基准平面"对话框。

◆ 选择直线 L1 作为创建基准平面的参照直线,并设置约束类型为"穿过"模式(此为默认设置)。

◆ 按住【Ctrl】键不放,选择平面 B 作为创建基准平面的参照平面,并设置约束类型为"偏移"模式(此为默认设置)。

◆ 在对话框的"偏移"文本框中输入旋转角度值为 30,按【Enter】键,如图 2-24 所示。

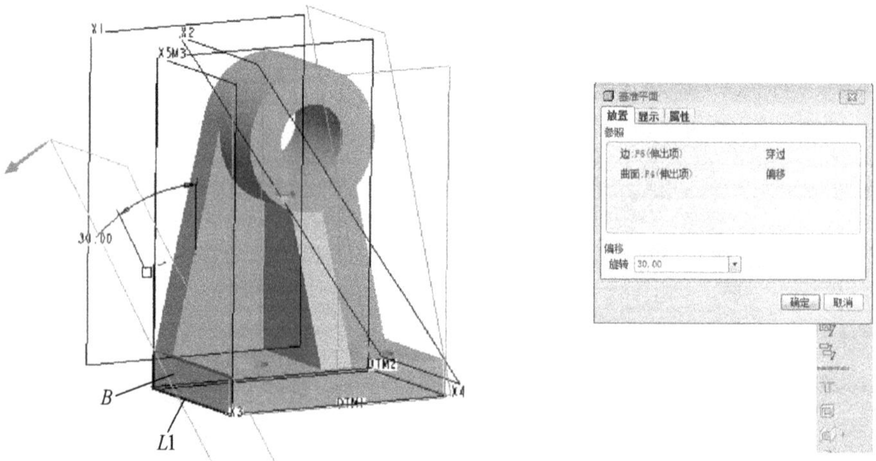

图 2-24　选择参照直线和参照平面

◆ 选择"属性"选项卡,在"名称"中输入"X6"。

◆ 单击"确定"按钮,创建基准平面 X6,如图 2-25 所示。

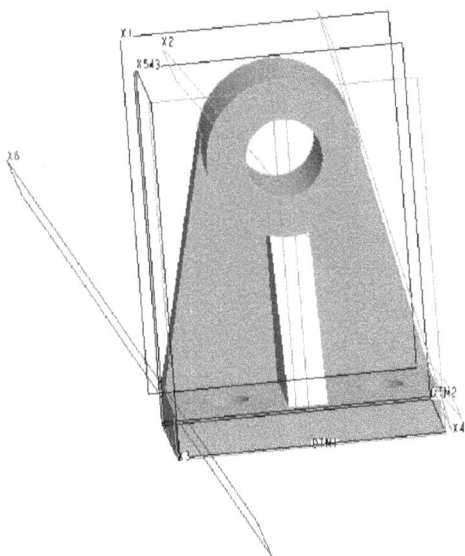

图 2-25　基准平面 X6 的创建

拓展练习

作出符合图 2-26 所示要求的基准平面。

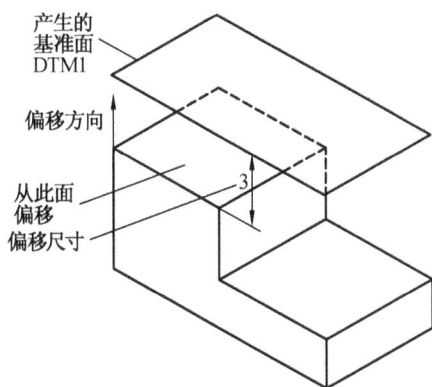

(a)

(b)

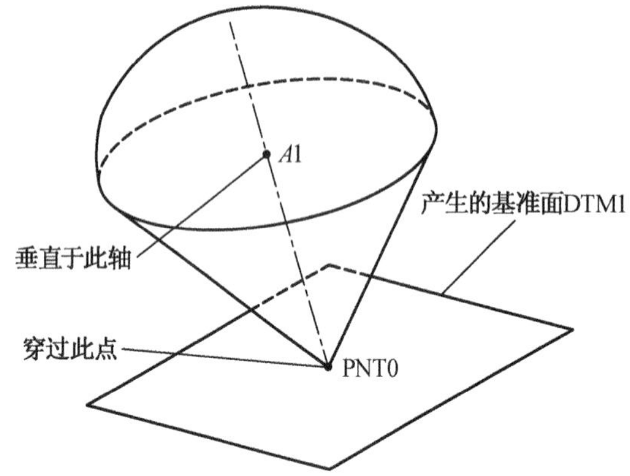

(c)

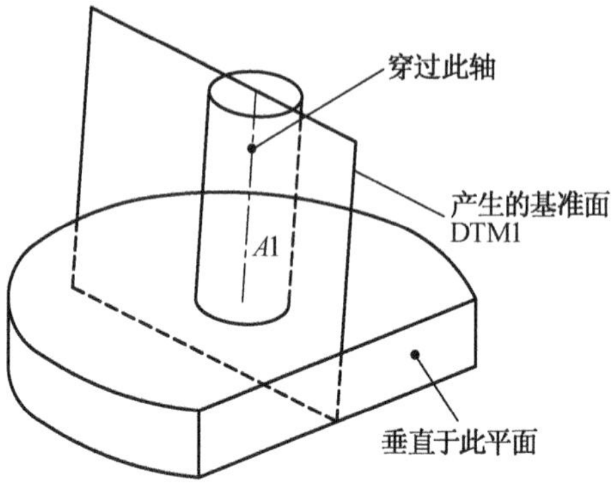

(d)

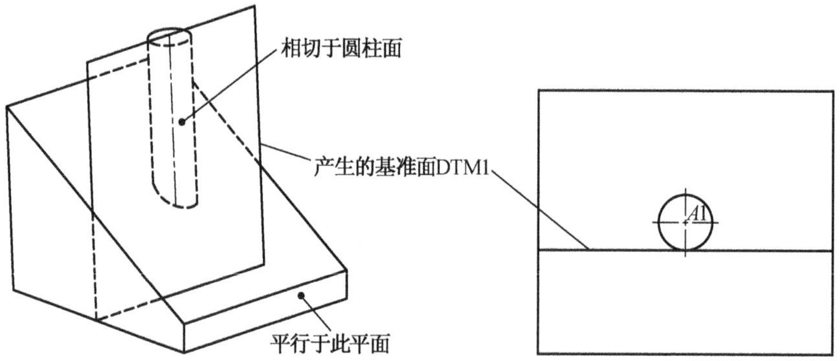

3D视图

顶视图

(e)

图 2-26　练习模型

任务 2.2　　基准轴的设置

任务目标

◎熟悉基准轴的设置

◎掌握常用基准轴的创建方法

任务内容

创建如图 2-27 所示的五条基准轴 D1，D2，D3，D4，D5。

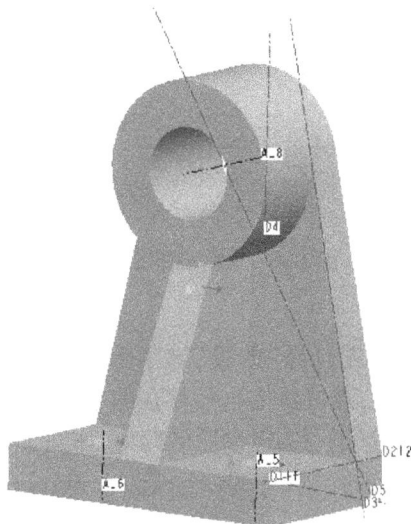

图 2-27 模型示例

任务分析

基准轴如同基准平面一样，也可以用作特征创建的参照。基准轴对于制作基准平面、同轴放置项目和创建径向阵列很重要。基准轴和特征轴不同，基准轴是单独的特征，可以被重定义、隐含、删除。

相关知识

1. 基准轴的设置

基准轴是以一段虚线的形式显示在模型上，由系统自动定义轴的名称，如 A_1，A_2，A_3 等。在拉伸生成圆柱特征、旋转特征和孔特征时，系统会自动生成基准轴。

在 Pro/E 5.0 中，基准轴主要作为柱体、旋转体及孔特征等的中心轴线，也可以在创建特征时用作定位参照，以及在阵列操作过程中作为中心参照等。

调用命令的方式如下：

菜单：执行"插入"|"模型基准"|"轴"命令。

图标：单击界面右侧命令工具栏中的 ╱ 图标按钮。

调用"轴"命令后，系统弹出"基准轴"对话框，如图 2-28 所示。单击选项卡按钮可切换相应的选项。下面对每个选项卡的功能进行简单的介绍。

图 2-28　"基准轴"对话框

（1）"放置"选项卡

在弹出的"基准轴"对话框中选择"放置"选项卡，进入"放置"选项的设置。该选项卡主要用来设定基准轴的位置，通过单击当前存在的平面、曲面、边、轴、点等作为放置新基准轴的定位参照，并且可设置每一选定参照的约束，如图 2-29 所示。

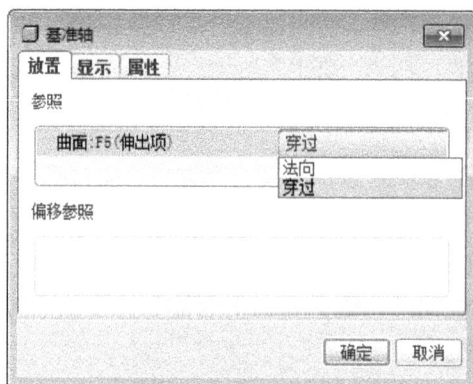

图 2-29　"放置"选项卡设置

约束有以下三类：

◆ 穿过：新基准轴通过选定的参照。

◆ 法向：新基准轴与选定参照垂直。

注意：设置法向约束时，还需要在"偏移参照"框中进一步定义尺寸标注参照以完全定位基准轴。

◆ 相切：新基准轴与选定参照相切。

注意：设置相切约束时，还需要增加参照以完全定位基准轴。

（2）"显示"选项卡

在弹出的"基准轴"对话框中选择"显示"选项卡，进入"显示"选项的设置，如图 2-30 所示。

◆ 调整轮廓：选中"调整轮廓"复选框，激活下面的选项，就可以对基准轴虚线的长度进行调整。

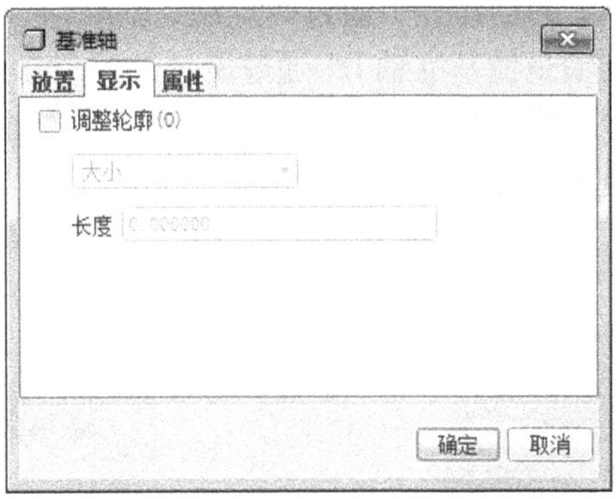

图 2-30 "显示"选项卡设置

（3）"属性"选项卡

在弹出的"基准轴"对话框中选择"属性"选项卡，进入"属性"选项的设置。该选项卡主要用于显示当前新建基准特征的信息，也可对基准轴重新命名。

2. 常用基准轴的创建方法

① 通过两点创建基准轴。

② 通过一点与一平面创建基准轴。

③ 通过两个不平行平面创建基准轴。

④ 通过曲线上一点并相切于曲线创建基准轴。

⑤ 通过垂直于曲面创建基准轴。

以上是创建基准轴常用的五种方法，详细步骤在任务实施里介绍。

任务实施

☞**STEP 1** 打开文件

单击"打开"按钮，弹出"文件打开"对话框，选择文件"2-11.prt"，单击"打开"按钮，打开实例模型，如图 2-31 所示。

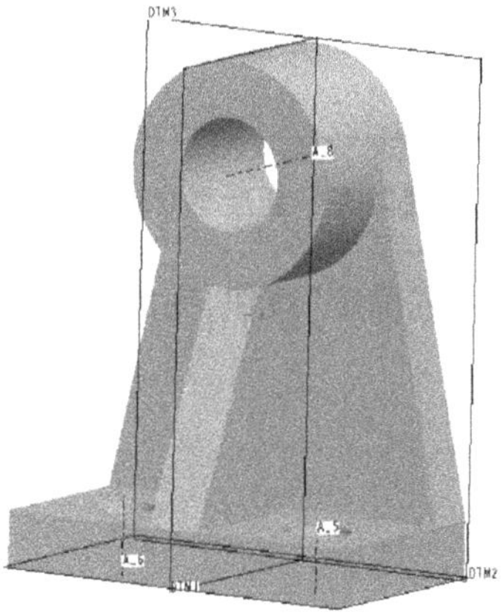

图 2-31 打开的零件模型

☞**STEP 2**　**基准轴 D1 的创建——通过两点创建基准轴**

通过该方式创建基准轴是使基准轴 D1 通过所选的两个参照点来实现的。

◆ 单击界面右侧命令工具栏中的"基准轴"图标按钮，弹出"基准轴"对话框。

◆ 选择点 A 作为创建基准轴的第一个参照点。

◆ 按住【Ctrl】键不放，选择点 B 作为创建基准轴的第二个参照点，如图 2-32 所示。

图 2-32　选取两参照点

◆ 选择"属性"选项卡，在"名称"中输入"D1"，如图 2-33 所示。

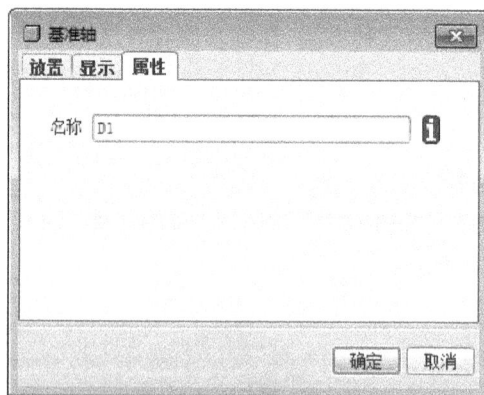

图 2-33　新建基准轴命名

◆ 单击"基准轴"对话框中的"确定"按钮，完成基准轴 D1 的创建，如图 2-34 所示。

图 2-34　基准轴 D1 的创建

☞**STEP 3**　基准轴 D2 的创建——通过一点与一平面创建基准轴

通过该方式创建基准轴是使基准轴 D2 通过一个已知点,并与已知平面垂直来实现的。

◆ 单击界面右侧命令工具栏中的"基准轴"图标按钮 ,弹出"基准轴"对话框。

◆ 选取点 A 作为创建基准轴的参照点。

◆ 按住【Ctrl】键不放,选择平面 B 作为参照平面,设置约束类型为"法向"模式,如图 2-35 所示。

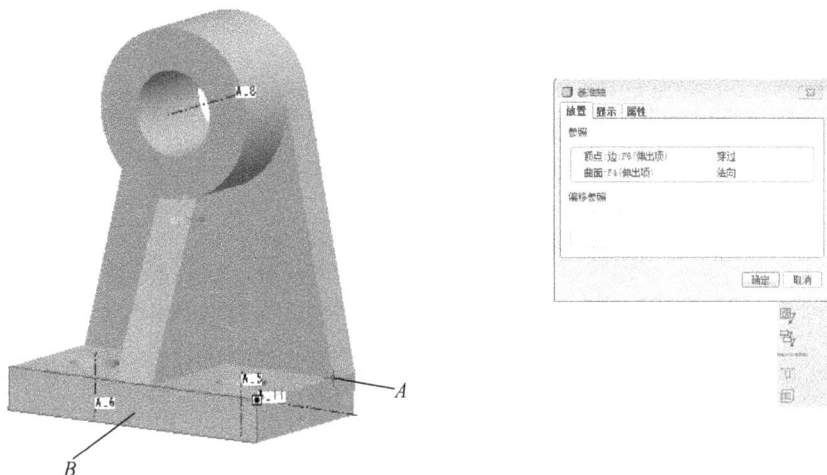

图 2-35　选取参照点和参照平面

◆ 选择"属性"选项卡,在"名称"中输入"D2"。

◆ 单击"确定"按钮,创建基准轴 D2,如图 2-36 所示。

图 2-36　基准轴 D2 的创建

☞**STEP 4**　基准轴 D3 的创建——通过两个不平行平面创建基准轴

通过两个不平行平面创建基准轴,是根据空间两个不平行平面相交有且只有一条公共交线来创建的。这种相交包括两平面在延长面内相交或平面与圆弧面的相切。

◆ 单击界面右侧命令工具栏中的"基准轴"图标按钮 ,弹出"基准轴"对话框。

◆ 选择平面 A 作为创建基准轴的第一个参照平面,并设置约束类型为"穿过"模式。

◆ 按住【Ctrl】键不放,选择平面 B 作为第二个参照平面,设置约束类型为"穿过"模式,如图 2-37 所示。

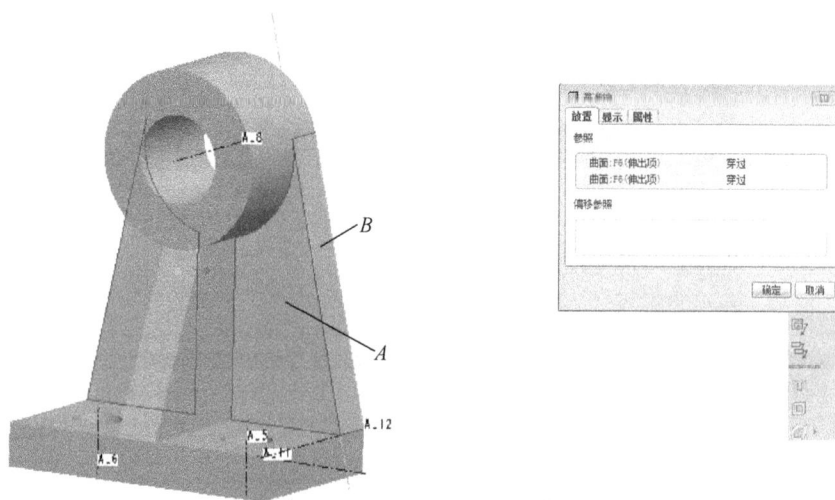

图 2-37　选取两个参照平面

◆ 选择"属性"选项卡,在"名称"中输入"D3"。

◆ 单击"确定"按钮,创建基准轴 D3,如图 2-38 所示。

图 2-38   基准轴 D3 的创建

☞**STEP 5**   基准轴 D4 的创建——通过曲线上一点并相切于曲线创建基准轴

通过曲线上一点并相切于曲线创建基准轴,主要是运用在同一平面内有且只有一条直线通过曲线上的一点并与曲线相切来创建的。这里的曲线包括圆、圆弧及样条曲线等。

◆ 单击界面右侧命令工具栏中的"基准轴"图标按钮 ,弹出"基准轴"对话框。

◆ 选择曲线 A 作为创建基准轴的参照曲线,并设置约束类型为"相切"模式。

◆ 按住【Ctrl】键不放,选择曲线 A 上一点 B 作为参照点,如图 2-39 所示。

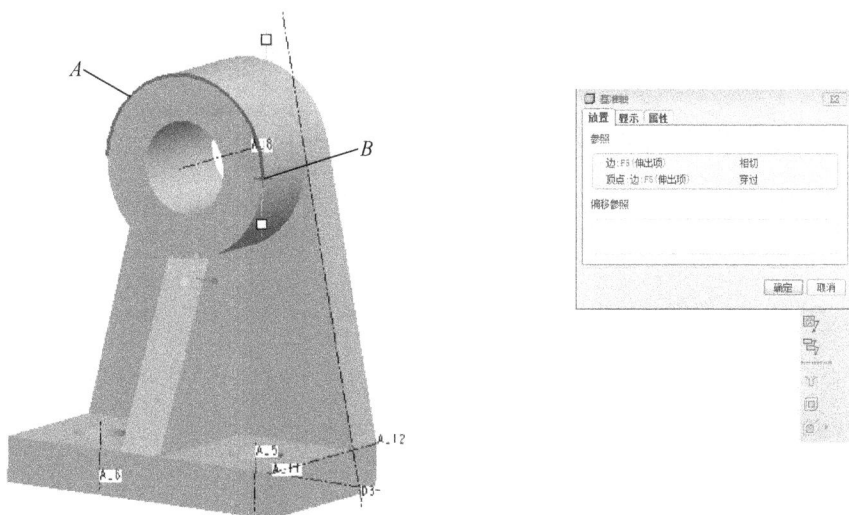

图 2-39   选取参照曲线和参照点

◆ 选择"属性"选项卡,在"名称"中输入"D4"。

◆ 单击"确定"按钮,创建基准轴 D4,如图 2-40 所示。

图 2-40　基准轴 D4 的创建

☞**STEP 6**　基准轴 D5 的创建——通过垂直于曲面创建基准轴

通过垂直于曲面创建基准轴，除了运用前面所讲的放置参照外，还需要运用偏移参照。其方法是利用通过曲面上的一点，加上两个定值的约束确定一条唯一的基准轴。

◆ 单击界面右侧命令工具栏中的"基准轴"图标按钮，弹出"基准轴"对话框。

◆ 在模型中选择用来放置基准轴的曲面，并设置约束类型为"法向"模式，如图 2-41 所示。

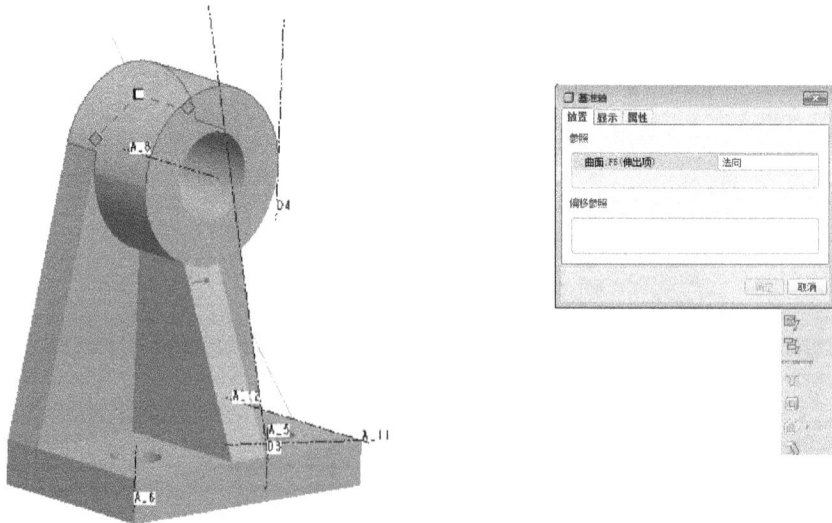

图 2-41　选取参照曲面

◆ 单击"基准轴"对话框中的"偏移参照"收集器，将其激活。

◆ 选择平面 A 作为第一个偏移参照平面。

◆ 按住【Ctrl】键不放，选择平面 B 作为第二个偏移参照平面。

◆ 在"偏移参照"收集器中修改偏移值分别为 3 和 2，如图 2-42 所示。

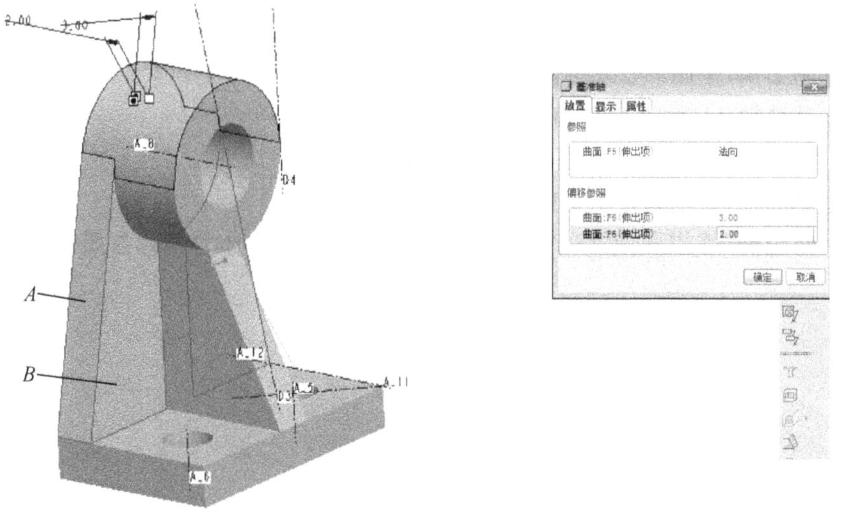

图 2-42   选取偏移参照平面并设置数值

◆ 选择"属性"选项卡，在"名称"中输入"D5"。
◆ 单击"确定"按钮，创建基准轴 D5，如图 2-43 所示。

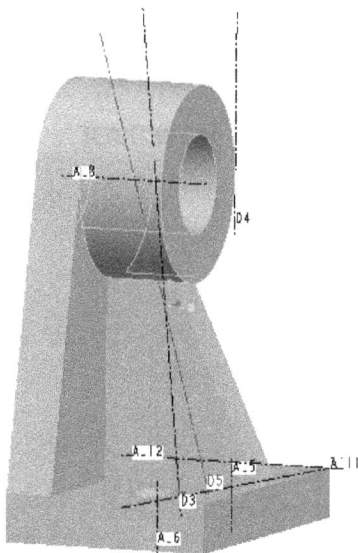

图 2-43   基准轴 D5 的创建

拓展练习

根据图 2-44 按如下要求创建基准轴：

（1）基准轴 A1 通过 A, B 两点。

（2）基准轴 A2 通过点 B，垂直于平面 $P1$。

（3）基准轴 A3 通过平面 $P1$ 和 $P2$。

（4）基准轴 A4 以曲面 $P3$ 作为参照面，平面 $P2$ 和 $P4$ 作为偏移参照，偏移值分别为 3 和 2。

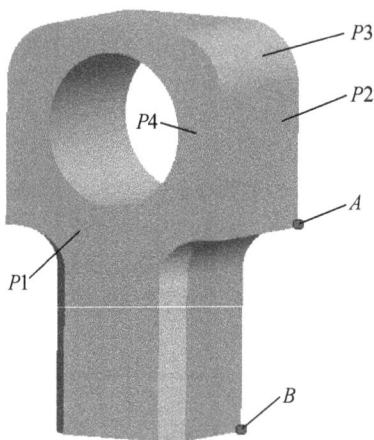

图 2-44　练习模型

项目三

3

草绘设计

任务 3.1　连　杆

任务目标

◎熟悉草绘环境

◎掌握直线、圆、倒圆角绘图工具的应用

◎掌握修剪等编辑工具的应用

◎了解草绘图形的一般操作步骤

任务内容

运用 Pro/E 5.0 完成如图 3-1 所示连杆的草绘图。

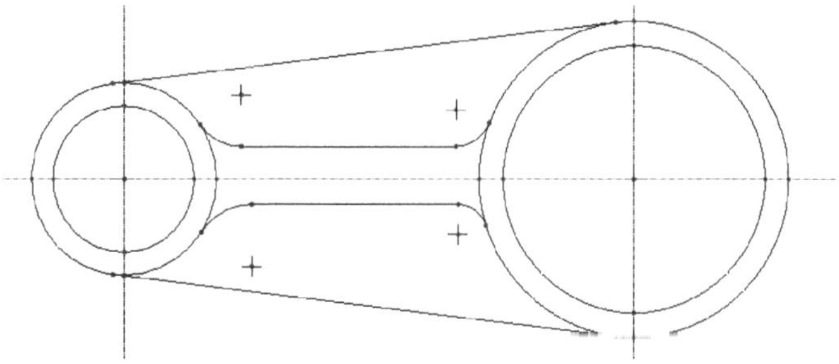

图 3-1　连杆草绘图

任务分析

通过本任务的学习,可以了解创建一般草绘图的操作步骤,并掌握直线、圆和倒圆角绘图工具的使用,以及修剪等编辑工具的使用。

相关知识

1. 进入草绘环境

选择主菜单栏中的"文件"|"新建"命令或按【Ctrl + N】键,或者直接单击常用工具栏中的"新建"按钮,弹出"新建"对话框,选择"草绘"选项,如图 3-2 所示,输入文件名称,然后单击"确定"按钮,进入草绘环境。

图 3-2　新建"草绘"对话框

2. 创建草绘图形的一般操作步骤

① 使用绘图工具绘制基本元素,如直线、圆等。

② 使用约束命令,确定图形的位置关系。

③ 使用修剪命令,对多余图素进行修剪。

④ 根据已知图形尺寸,修剪尺寸以满足要求。

3. 直线绘制

在界面右侧命令工具栏中单击"线"按钮 ＼ 右侧的 ▶ 按钮,弹出"直线"工具栏,如图 3-3 所示。

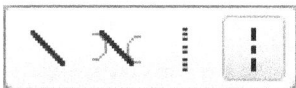

图 3-3　"直线"工具栏

（1）线段绘制

在"直线"工具栏中单击"线"按钮 ＼,然后在绘图窗口中的两个不同位置依次单击后,再单击鼠标中键即可完成线段的绘制。若在绘图窗口中的若干不同位置连续单击,再单击鼠标中键则可得到折线或其他由直线构成的几何图形。

（2）切线绘制

在"直线"工具栏中单击"直线相切"按钮 ＼,在绘图窗口中分别单击已有的两个图元即可绘制一条公切线,如图 3-4 所示。

图 3-4　公切线的绘制

注意：用户在选择图元时，选择的位置对生成的公切线有很大的影响，切点位置位于选择点附近，如图3-5所示。

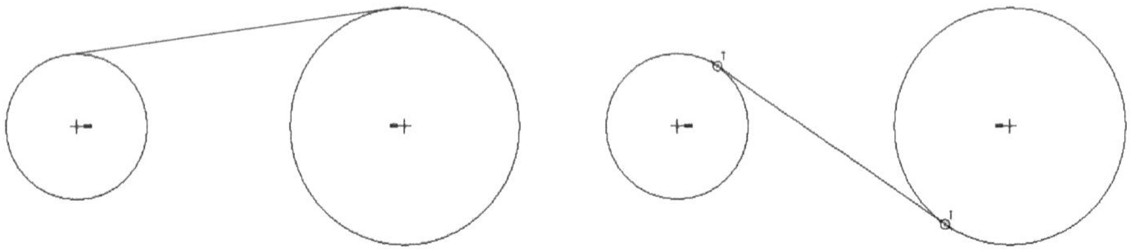

图3-5　选择位置对公切线的影响

（3）中心线绘制

在"直线"工具栏中单击"中心线"按钮 ⋮ 或"几何中心线"按钮 ⋮ ，在绘图窗口中两个不同位置单击即可得到一条中心线。中心线以点划线表示，并且是无限长的线，如图3-6所示。

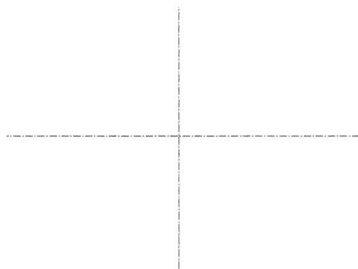

图3-6　中心线的绘制

注意：中心线和几何中心线的区别在于，几何中心线可以作为旋转中心线和对称中心来使用，会在模型中以轴线的形式显示，而中心线可以理解为构造直线（无限长），可以作为对称中心和其他辅助线使用。

4．圆的绘制

在界面右侧命令工具栏中单击"圆心和点"按钮 ◯ 右侧的 ▶ ，弹出"圆"工具栏，如图3-7所示。

图3-7　"圆"工具栏

（1）圆心＋点绘制圆

在"圆"工具栏中单击"圆心和点"按钮 ◯ ，选择圆心位置单击，再移动鼠标至适当位置，选择圆周上的点单击，即可确定一个圆。

（2）同心圆的绘制

在"圆"工具栏中单击"同心"按钮 ◎ ，选择要同心的圆或圆弧单击，再移动鼠标至适当的位置，选择圆周上的点单击，继续单击可以绘制更多的同心圆，如图3-8所示。

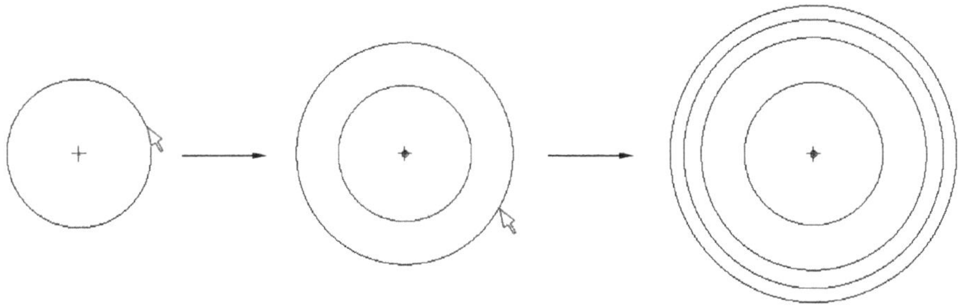

图 3-8　同心圆的绘制

（3）三点圆的绘制

在"圆"工具栏中单击"3 点"按钮◯，选择圆周上的三个不同点分别单击，即可确定一个圆。

（4）相切圆的绘制

在"圆"工具栏中单击"3 相切"按钮◯，在绘图窗口中分别单击三个图元上的切点位置，即可得到一个与三个图元都相切的圆，如图 3-9 所示。

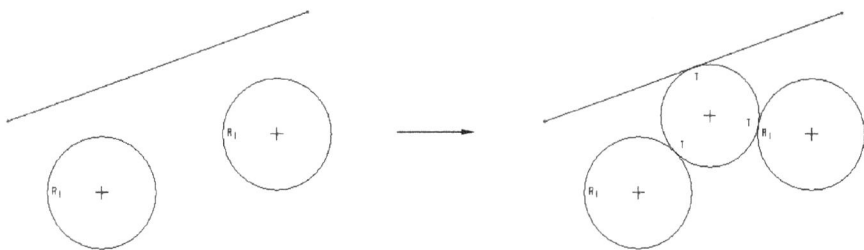

图 3-9　相切圆的绘制

（5）轴端点椭圆的绘制

在"圆"工具栏中单击"轴端点椭圆"按钮⬭，在绘图窗口中选择椭圆轴上的一个端点单击，然后移动鼠标至椭圆同一轴的另一个端点单击，再移动鼠标至另一轴的一个端点单击，即可得到一个椭圆，如图 3-10 所示。

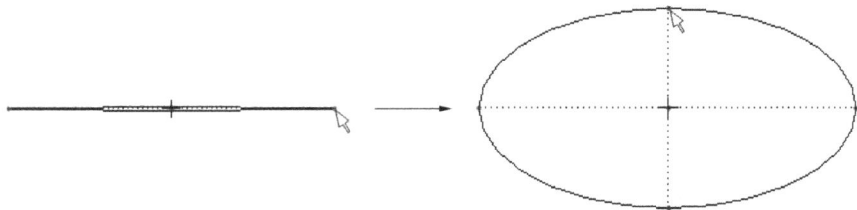

图 3-10　轴端点椭圆的绘制

（6）中心和轴椭圆的绘制

在"圆"工具栏上单击"中心和轴椭圆"按钮⬭，在绘图窗口中选择椭圆中心点位置单击，然后移动鼠标至适当位置确定椭圆其中一轴上的一个端点位置单击，再移动鼠标至适当位置确定椭圆另一轴的一个端点位置单击，即可完成椭圆的绘制，如图 3-11 所示。

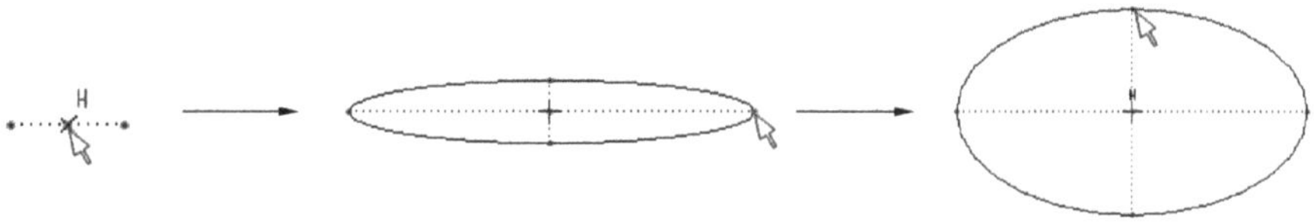

图 3-11　中心和轴椭圆的绘制

5．圆角绘制

在界面右侧命令工具栏中单击"圆形"按钮 右侧的 按钮,弹出"圆角"工具栏,如图 3-12 所示。

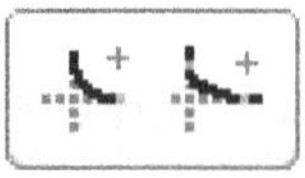

图 3-12　"圆角"工具栏

（1）倒圆角

在"圆角"工具栏中单击"圆形"按钮 ,在绘图窗口中单击需要倒圆角的两个图元,即可得到相应两个图元间的过渡圆角,如图 3-13 所示。

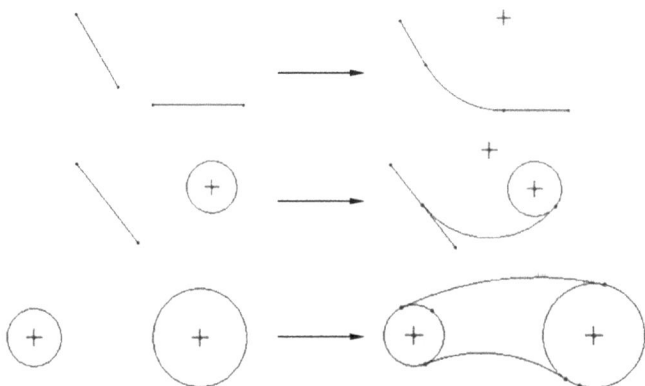

图 3-13　用"圆形"按钮绘制过渡圆角

注意:选择图元时,点击图元的位置对生成的过渡圆角有很大的影响,圆角相切位置位于单击位置附近,如图 3-14 所示。

图 3-14　选择位置对过渡圆角的影响

（2）倒椭圆角

在"圆角"工具栏中单击"椭圆形"按钮 ,在绘图窗口中单击需要倒椭圆角的两个图元,即可得到相应两个图元间的过渡椭圆角,如图 3-15 所示。

图 3-15 用"椭圆形"按钮绘制过渡椭圆角

注意: 样条曲线之间、两条平行线之间及一条中心线和另一个图元之间不能创建圆角。

6. 修剪工具

在界面右侧命令工具栏中单击"删除段"按钮右侧的按钮,弹出"修剪"工具栏,如图 3-16 所示。

图 3-16 "修剪"工具栏

（1）动态修剪

动态修剪命令主要用于删除选中的线段。在"修剪"工具栏中单击"删除段"按钮,然后在绘图窗口中单击需要删除的线段,即可把线段删除,继续单击需要删除的线段,当修剪完成后,单击鼠标中键结束命令,如图 3-17 所示。

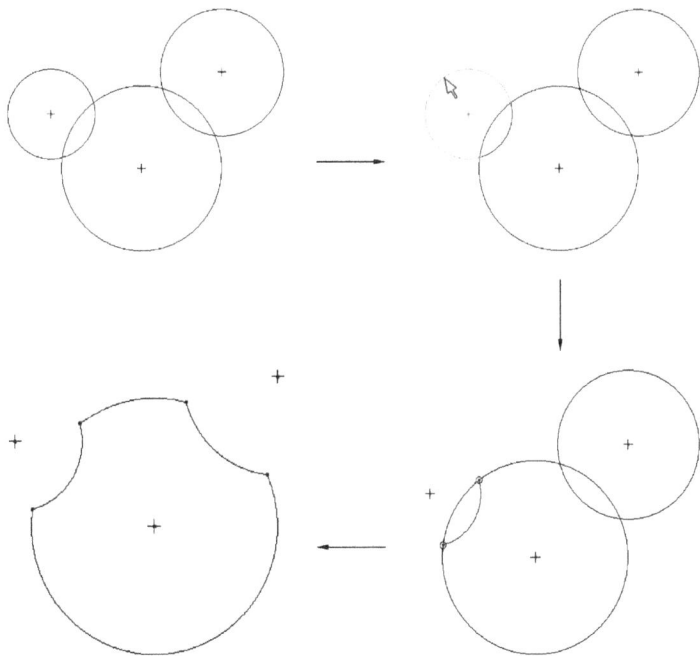

图 3-17 动态修剪

注意:如果按住鼠标左键,再进行拖动,其轨迹只要与已有图元相交,便会删除这些图元,如图3-18所示。

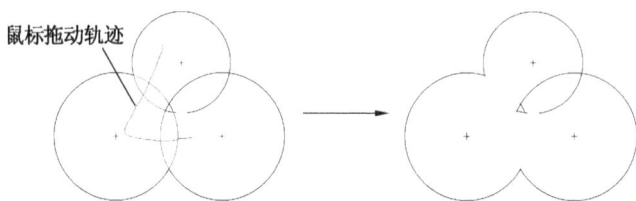

图3-18　拖动方式修剪

（2）剪切或延伸

剪切或延伸命令主要用于将图元修剪（剪切或延伸）到其他图元或几何。在"修剪"工具栏中单击"拐角"按钮。

◆ 剪切图元:在绘图窗口中分别单击两条线段要保留的一侧进行剪切,如图3-19所示。

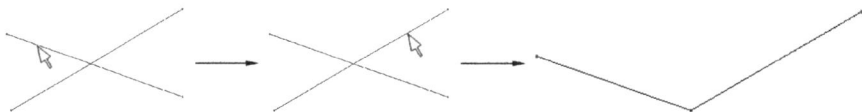

图3-19　剪切图元

注意:与"删除段"按钮不同的是,用"拐角"按钮剪切图元时单击的是需要保留的部分,删除的是余下的部分。

◆ 延伸图元:在绘图窗口中分别单击需延伸的两条线段进行延伸,如图3-20所示。

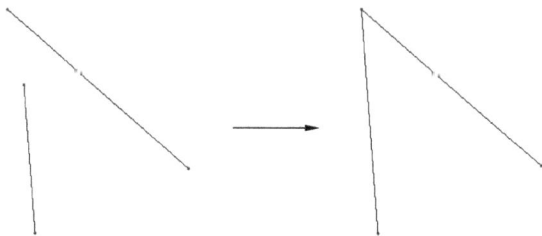

图3-20　延伸图元

（3）打断

打断命令主要是将图元在选取点的位置处分割成两段。在"修剪"工具栏中单击"分割"按钮,在绘图窗口中单击分割点的位置,图元就被分割成两段,继续单击可连续分割,每次单击产生一个分割点,完成后单击鼠标中键结束分割,如图3-21所示。

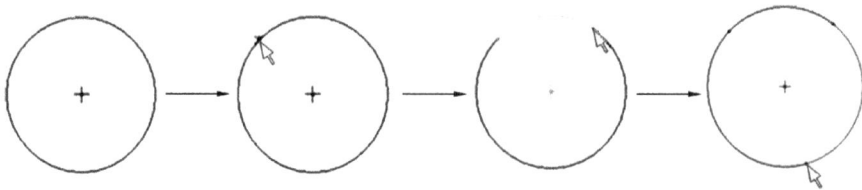

图3-21　分割图元

任务实施

连轴板的草绘步骤如下:

☞**STEP 1** 设置工作目录

在进入草绘之前,要先设定工作目录:在主菜单栏选择"文件"|"设置工作目录"。

☞**STEP 2** 新建"liangan"草绘文件

在主菜单栏选择"文件"|"新建",弹出"新建"对话框,选择"草绘"类型,并输入文件名称"liangan",取消"使用缺省模板",完成后单击"确定"按钮,如图 3-22 所示。进入草绘环境,如图 3-23 所示。关掉"尺寸显示"按钮 。

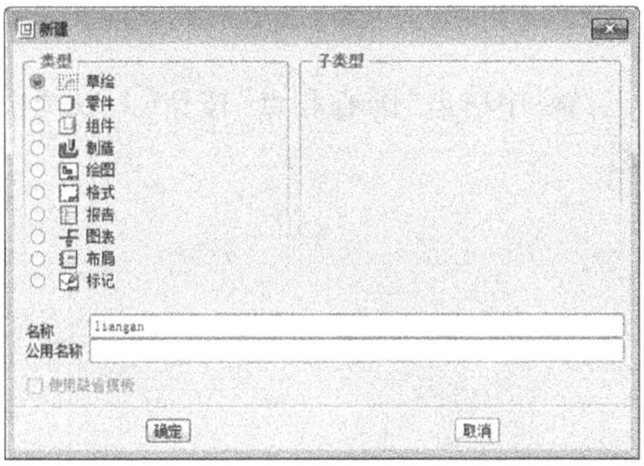

图 3-22 新建"liangan"草绘文件

图 3-23 进入草绘环境

☞**STEP 3** 绘制中心线

在界面右侧命令工具栏中单击"中心线"按钮 ,在绘图窗口中合适位置绘制两条垂直和一条水平的中心线,如图 3-24 所示。

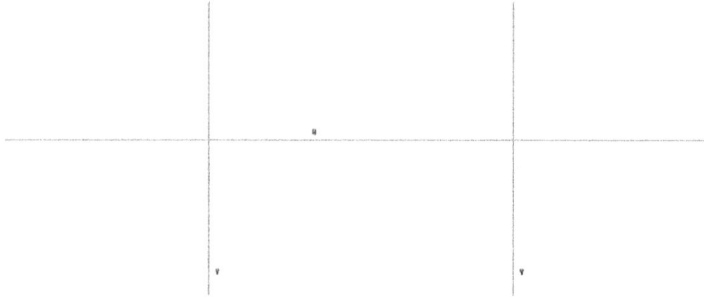

图 3-24　中心线的绘制

☞**STEP 4**　绘制圆

◆ 在界面右侧命令工具栏中单击"圆心和点"按钮⭘,以两中心线的交点为圆心,绘制如图 3-25 所示两个圆。

图 3-25　圆的绘制

◆ 在界面右侧命令工具栏中单击"同心"按钮◉,在已有的两个圆的基础上,绘制如图 3-26 所示两个同心圆。

图 3-26　同心圆的绘制

☞**STEP 5**　绘制公切线

在界面右侧命令工具栏中单击"直线相切"按钮↖,单击两个圆的公切线的切点位置,绘制两条公切线,如图 3-27 所示。

注意:两个圆切点的单击位置不同,公切线的位置也不同。

图 3-27 公切线的绘制

☞**STEP 6** 直线绘制

在界面右侧命令工具栏中单击"线"按钮╲,绘制两条直线,如图 3-28 所示。

图 3-28 直线的绘制

☞**STEP 7** 倒圆角

在界面右侧命令工具栏中单击"圆形"按钮┡,单击需要倒圆角的图元,如图 3-29 所示。

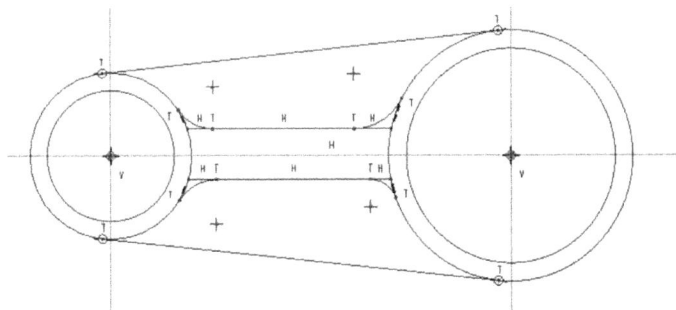

图 3-29 倒圆角

注意：图元的单击位置不同，所得到的圆角也不同。

☞**STEP 8**　修剪图形

在界面右侧命令工具栏中单击"删除段"按钮，单击图形中多余的部分进行修剪，完成图形，如图 3-30 所示。

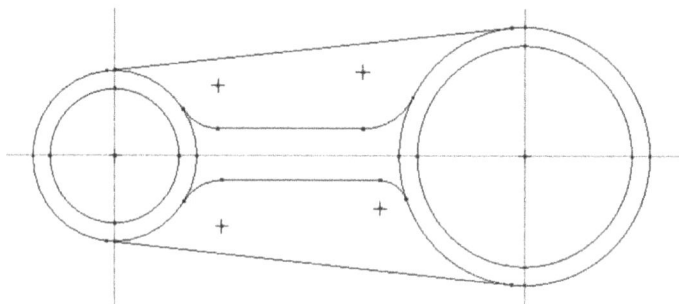

图 3-30　修剪图形

☞**STEP 9**　保存文件

完成图形后，单击主菜单栏的"文件"|"保存"或单击界面上方常用工具栏中的"保存"按钮，进行文件的保存。

拓展练习

1. 草绘如图 3-31 所示的图形。

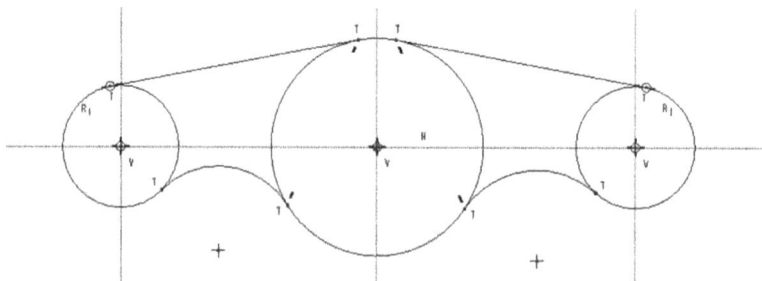

图 3-31　练习图形（一）

2. 草绘如图 3-32 所示的图形。

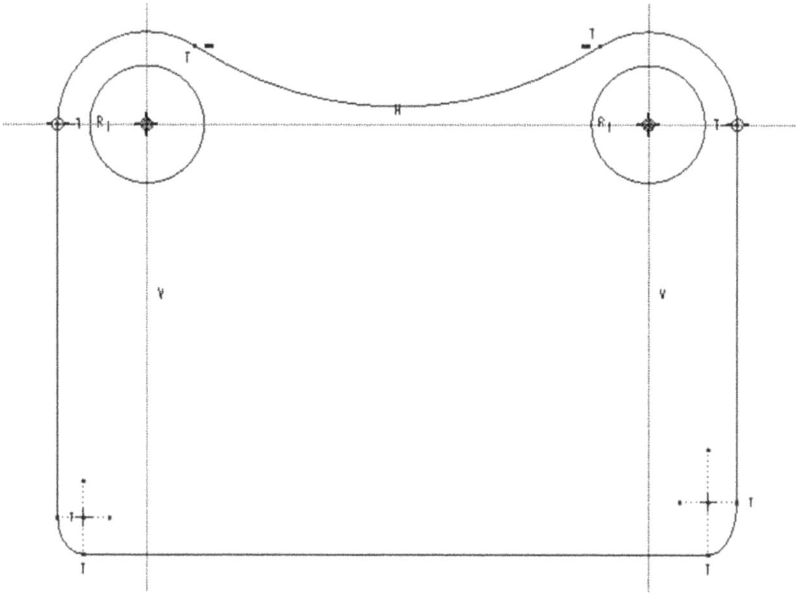

图 3-32　练习图形(二)

任务 3.2　　扳　　手

任务目标

◎熟悉调色板命令

◎巩固草绘命令的运用及编辑工具的使用

任务内容

运用 Pro/E 5.0 完成如图 3-33 所示扳手的草绘图。

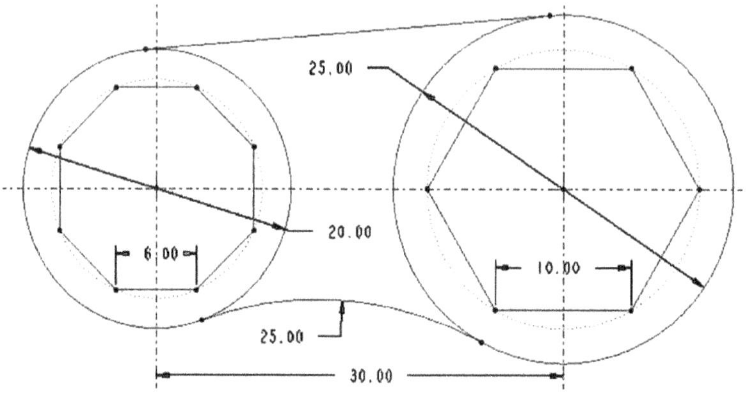

图 3-33　扳手草绘图

任务分析

通过本任务的学习,可以熟悉调色板的操作过程,并巩固草绘命令的运用。

相关知识

1. 调色板工具

（1）调色板

调色板命令提供了各种各样的图形,如特殊的标记、符号等,图形放入调色板中可以随时调用,十分方便。单击"调色板"按钮 ,弹出"草绘器调色板"对话框,如图 3-34 所示。用户可以根据绘图需要选择不同的图形。

图 3-34　"草绘器调色板"对话框

（2）调色板的操作步骤

下面以绘制六边形为例,对调色板的操作步骤进行介绍。

◆ 单击"调色板"按钮 。

◆ 选择"多边形"选项卡,并双击"六边形"。

◆ 在绘图区选择合适的位置放置图形。

◆ 弹出"缩放/旋转"对话框,设置比例大小和旋转角度,完成后,单击　✓　按钮,整个操作如图 3-35 所示。

(a)

(b)

(c)

(d)

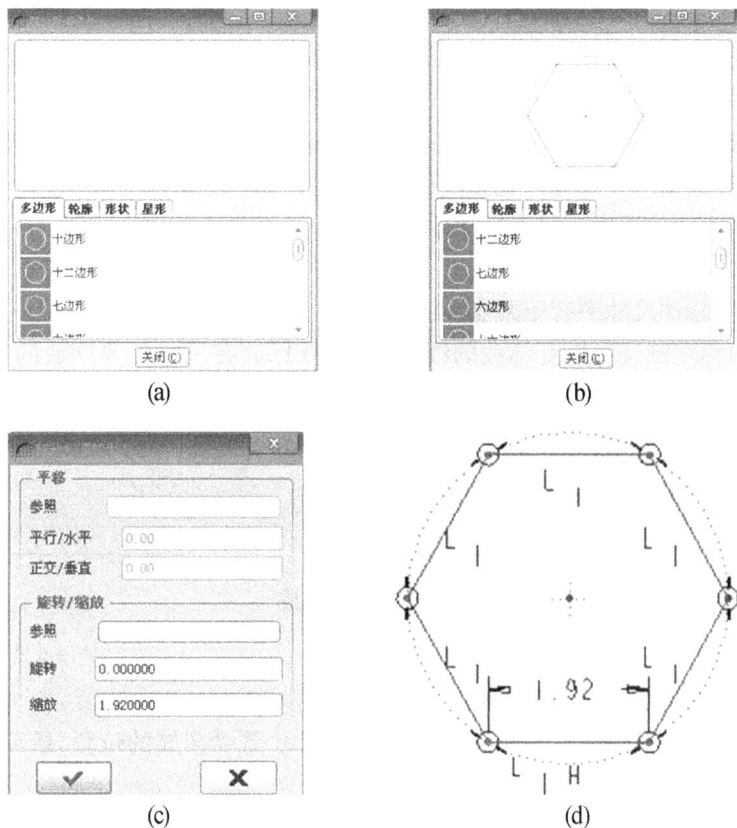

图 3-35　调色板的操作步骤

2. 约束工具

单击"草绘"下拉菜单里的"约束"命令,弹出如图 3-36 所示的约束条件,各个图标的用法如下:

① ✝ 垂直:选一条斜的直线,使其变为铅直线;或选两个点,使两个点铅直对齐。

② ✝ 水平:选一条斜的直线,使其变为水平线;或选两个点,使两个点水平对齐。

③ ⊥ 垂直:选两条线条,使其互相垂直。

④ ❤ 相切:选两个图元,使其相切。

⑤ ❤ 中点:选一个点及一条线段,使点位于线段中央。

⑥ ✛ 重合:选两条线或两个点,使其重合。

⑦ ✛ 对称:选一条中心线及两个点,使两个点关于中心线

图 3-36　约束条件

对称。

⑧ = 相等:选两条线段,使其长度相等;或选两个弧/圆/椭圆,使其半径相等。

⑨ ∥ 平行:选两条直线,使其平行。

⑩ 解释:令 Pro/E 5.0 系统解释约束条件的意义。

3.尺寸标注

图形绘制完成以后,软件会自动进行尺寸的标注,颜色呈浅灰色。但是这些自动标注的尺寸一般不符合要求,所以需要自行对尺寸进行标注。

在自行标注尺寸时,首先鼠标左键单击"尺寸标注"按钮↔,然后选取要标注的图素,并用鼠标来指定尺寸放置的位置,最后单击鼠标中键,完成尺寸标注。

下面针对不同的图素介绍其尺寸标注方式。

(1)对齐标注

对齐标注,标注尺寸平行于两点连线。

首先用鼠标左键选择需要标注的线段,再将鼠标放在尺寸需要摆放的位置,最后单击鼠标中键,即可完成线段长度的标注。操作过程如图 3-37 所示。

图 3-37　对齐标注

(2)线性标注

线性标注,标注两点间的垂直和水平距离。

首先用鼠标左键选取两个点,再将鼠标放在尺寸需要摆放的位置,最后单击鼠标中键,即可完成线性标注。操作过程如图 3-38 所示。

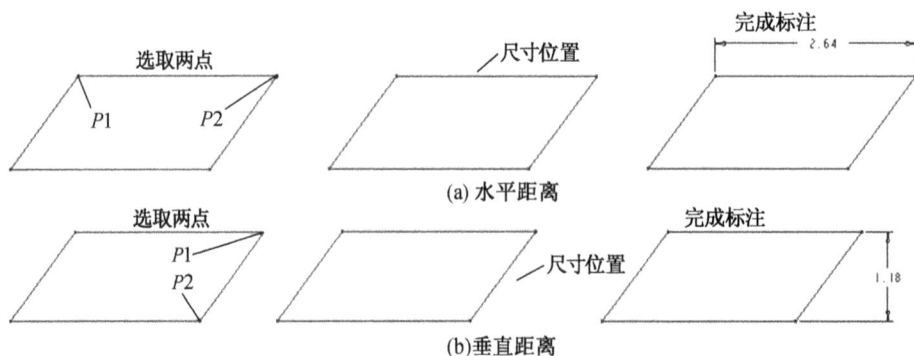

图 3-38　线性标注

(3)角度标注

角度标注,标注两条不平行线的角度尺寸。

首先用鼠标左键选取两条线段,再将鼠标放在尺寸需要摆放的位置,最后单击鼠标中键,即可完成角度标注。操作过程如图 3-39 所示。

图 3-39 角度标注

注意: 标注角度时,如果鼠标移动的位置不同,产生的标注形式也会不同,如图 3-40 所示。

图 3-40 补角标注

(4)半径标注

半径标注,标注圆或圆弧的半径尺寸。

首先用鼠标左键选取需要标注的圆或圆弧,再将鼠标放在尺寸需要摆放的位置,最后单击鼠标中键,即可完成半径标注。操作过程如图 3-41 所示。

图 3-41 半径标注

(5)直径标注

直径标注,标注圆或圆弧的直径尺寸。

首先用鼠标左键双击来选取需要标注的圆或圆弧,再将鼠标放在尺寸需要摆放的位置,最后单击鼠标中键,即可完成直径标注。操作过程如图 3-42 所示。

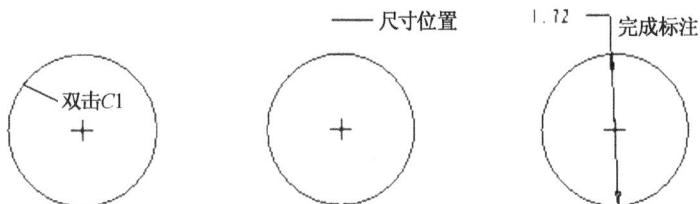

图 3-42 直径标注

4. 尺寸修改

图形绘制完成以后,软件会自动进行尺寸的标注。但是这些自动标注的尺寸一般不符合要求,所以需要自行对尺寸进行修改。

尺寸修改时,在"编辑"的下拉菜单中单击"修改尺寸"命令,然后单击需要修改的尺寸(可以是一个或多个尺寸),弹出如图 3-43 所示"修改尺寸"对话框。在默认状态下,"再生"复选框是选中的,表示修改一个尺寸时,图形会立刻发生变化;如果没有勾选这个复选框,表示只有修改完所有的尺寸后,单击 ✔ 按钮,图形才会发生变化。一般情况下,"再生"复选框是不勾选的,以避免尺寸变化过大导致尺寸修改再生失败。

图 3-43 "修改尺寸"对话框

任务实施

扳手的草绘步骤如下:

☞**STEP 1** 设置工作目录

在进入草绘之前,要先设定工作目录:在主菜单栏选择"文件"|"设置工作目录"。

☞**STEP 2** 新建"banshou"草绘文件

在主菜单栏选择"文件"|"新建",弹出"新建"对话框,选择"草绘"类型,并输入文件名称"banshou",取消"使用缺省模板",完成后单击"确定"按钮,如图 3-44 所示。进入草绘环境,如图 3-45 所示。关掉"尺寸显示"按钮 。

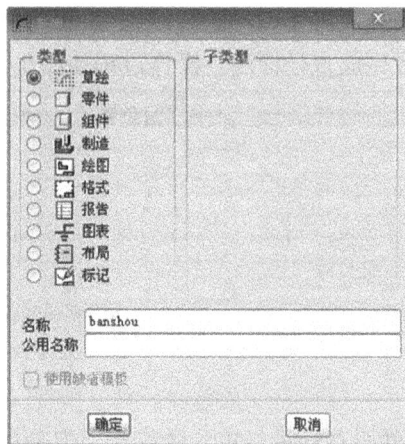

图 3-44 新建"banshou"草绘文件

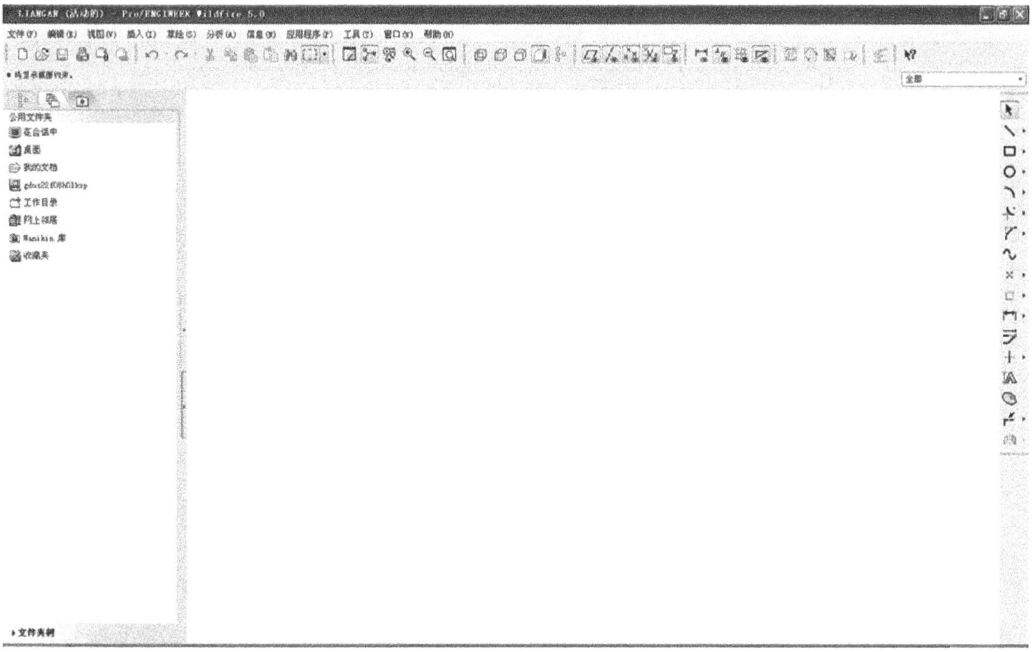

图 3-45　进入草绘环境

☞**STEP 3**　绘制中心线

在界面右侧命令工具栏中单击"中心线"按钮 ⁝，在绘图窗口中合适位置绘制两条水平距离为 30 的垂直中心线和一条水平中心线，如图 3-46 所示。

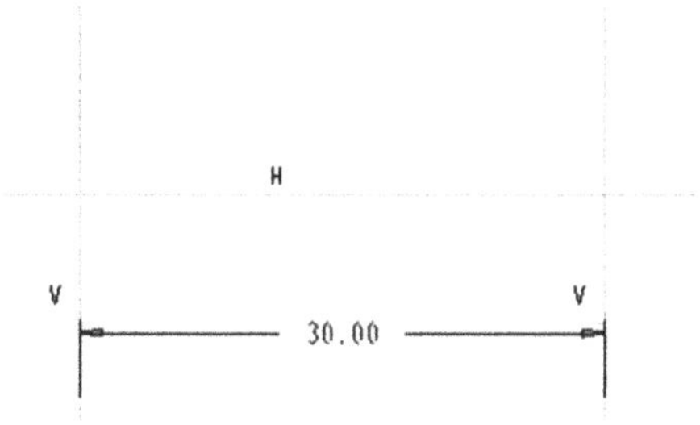

图 3-46　中心线的绘制

☞**STEP 4**　选择调色板命令

在界面右侧命令工具栏中单击"调色板"按钮 🖰。

☞**STEP 5**　选择六边形

选择"多边形"选项卡，并双击"六边形"，如图 3-47 所示。

☞**STEP 6**　生成六边形

在绘图区选择合适的位置放置图形，弹出"缩放/旋转"对话框，按照默认参数设置，完成后单击 ✔ 按钮，如图 3-48 所示。

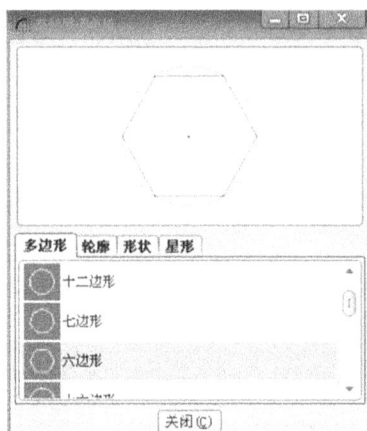

图 3-47   "六边形"对话框

图 3-48   六边形

☞**STEP 7**   放置六边形到正确位置

单击"草绘"下拉菜单中的"约束"命令,选择 重合约束按钮,选择六边形的圆心,然后选择垂直中心线,此时六边形的圆心在垂直中心线上;再次选择六边形的圆心,然后选择水平中心线,此时六边形的圆心在水平中心线和垂直中心线的交点上,整个操作步骤如图 3-49 所示。

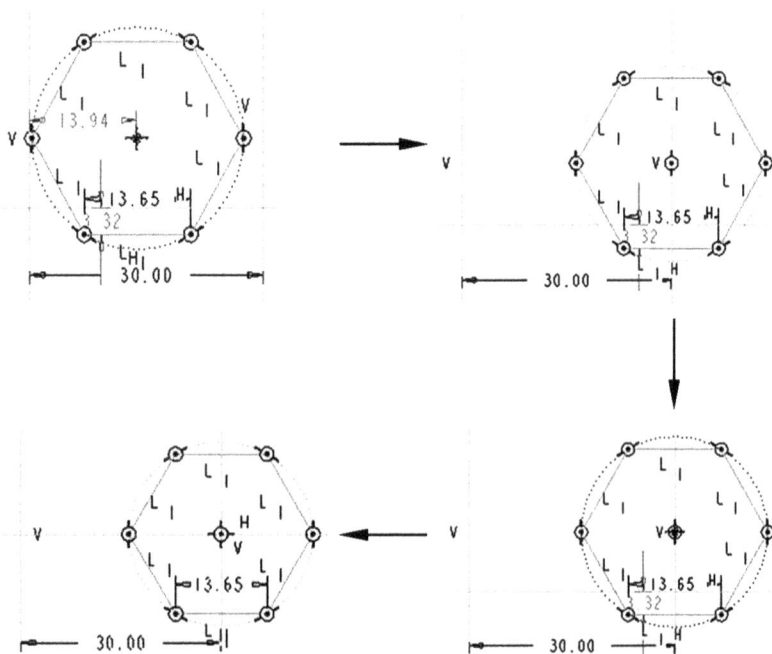

图 3-49   六边形的放置步骤

☞**STEP 8**   修改尺寸

在"编辑"下拉菜单中单击"修改"命令,然后单击需要修改的尺寸,改为需要的尺寸 10,操作步骤如图 3-50 所示。

图 3-50　修改尺寸

注意：单击的尺寸不同所得到的修改尺寸也不同。

☞**STEP 9**　选择八边形

◆ 在界面右侧命令工具栏中单击"调色板"按钮 。

◆ 选择"多边形"选项卡，并双击"八边形"。在绘图区选择合适的位置放置图形，弹出"缩放/旋转"对话框，按照默认参数设置，完成后单击 按钮，如图 3-51 所示。

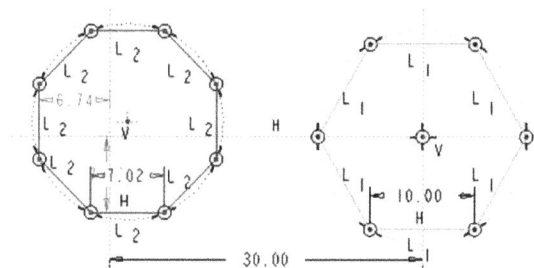

图 3-51　八边形

☞**STEP 10**　放置八边形到正确位置

单击"草绘"下拉菜单中的"约束"命令，选择 重合约束按钮，选择八边形的圆心，然后选择水平中心线，此时八边形的圆心在水平中心线上；再次选择八边形的圆心，然后选择垂直中心线，此时八边形的圆心在水平中心线和垂直中心线的交点上，整个操作步骤如图 3-52 所示。

图 3-52　八边形的放置步骤

☞**STEP 11**　修改尺寸

在"编辑"下拉菜单中单击"修改"命令,然后单击需要修改的尺寸,改为需要的尺寸6,操作步骤如图3-53所示。

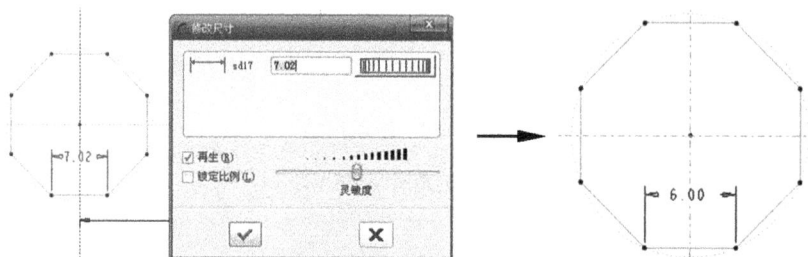

图3-53　修改尺寸

☞**STEP 12**　绘制圆

在界面右侧命令工具栏中单击"圆心和点"按钮○,选择圆心 $P1$ 和 $P2$,绘制两圆如图3-54所示,分别修改直径尺寸为20,25,如图3-55所示。

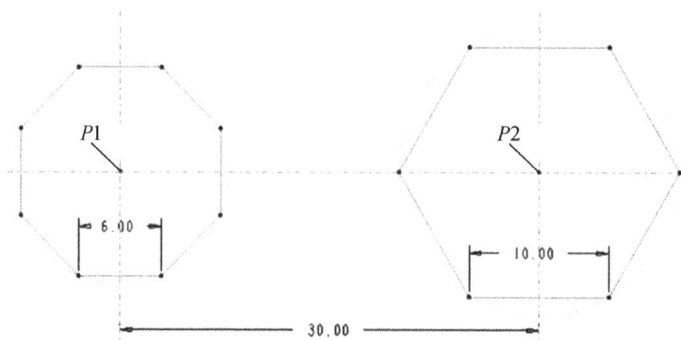

图3-54　选择圆心

图3-55　圆的绘制

☞**STEP 13**　绘制公切线

在界面右侧命令工具栏中单击"公切线"按钮✎,选择圆弧 $L1,L2$,操作步骤如图3-56所示。

图 3-56 公切线的绘制

☞**STEP 14** 倒圆角

在界面右侧命令工具栏中单击"倒圆角"按钮 ，选择图素 $L1$，$L2$，单击"显示尺寸"按钮 ，修改圆角尺寸为 25，操作步骤如图 3-57 所示。

图 3-57 倒圆角

☞**STEP 15** 保存文件

完成图形后，单击主菜单栏的"文件"|"保存"或单击界面上方常用工具栏中的"保存"按钮 ，进行文件的保存。

拓展练习

草绘如图 3-58 所示的图形。

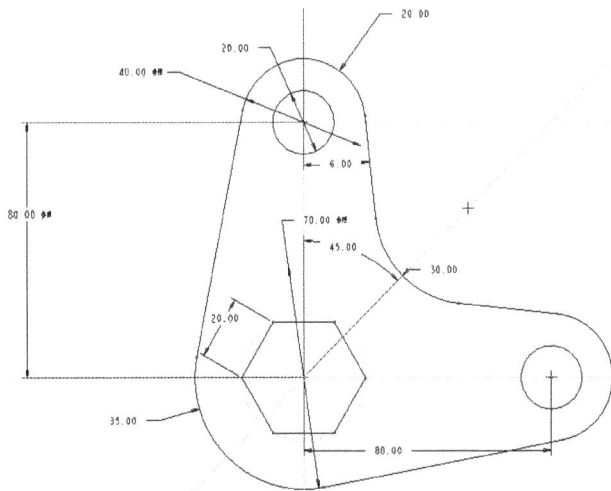

图 3-58 练习图形

任务3.3 实 心 带 轮

任务目标

◎掌握圆绘图工具的应用

◎掌握镜像、修剪等编辑工具的应用

◎巩固尺寸标注和尺寸修改的运用

任务内容

运用 Pro/E 5.0 完成如图 3-59 所示实心带轮的草绘图。

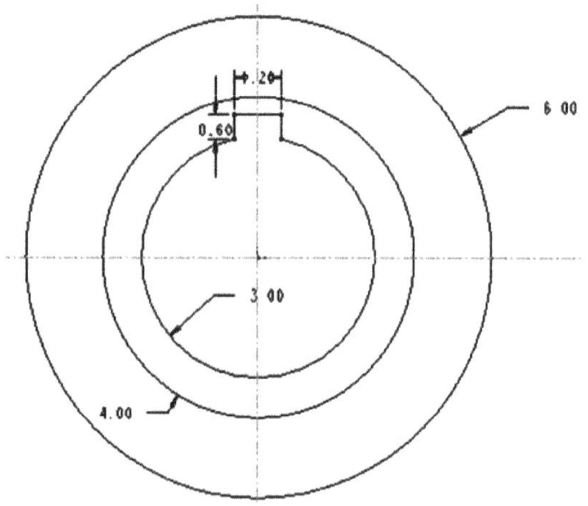

图 3-59 实心带轮草绘图

任务分析

通过本任务的学习,掌握圆绘图工具的使用,以及修剪等编辑工具的使用,并巩固尺寸标注和尺寸修改的运用。

相关知识

1. 镜像

镜像命令以某一轴线为镜子来对称图素。首先选中需要镜像的图素,然后单击"镜像"按钮,最后鼠标左键单击中心线,完成镜像的操作。具体操作过程如图 3-60 所示。

图 3-60　镜像操作

注意: 只有先选中需要镜像的图素,镜像命令才能起作用;在镜像图素时,镜像线一定是一条中心线。

任务实施

实心带轮的草绘步骤如下:

☞**STEP 1**　设置工作目录

在进入草绘之前,要先设定工作目录:在主菜单栏选择"文件"|"设置工作目录"。

☞**STEP 2**　新建"shixindailun"草绘文件

在主菜单栏选择"文件"|"新建",弹出"新建"对话框,选择"草绘"类型,并输入文件名称"shixindailun",取消"使用缺省模板",完成后单击"确定"按钮,如图 3-61 所示。进入草绘环境,如图 3-62 所示。关掉"尺寸显示"按钮。

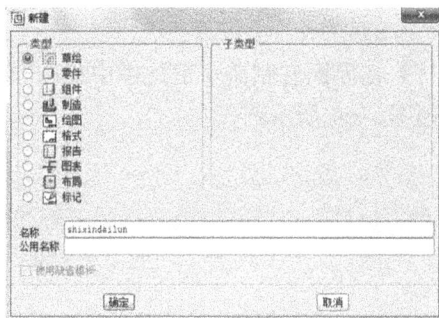

图 3-61　新建"shixindailun"草绘文件

图 3-62　进入草绘环境

☞**STEP 3**　绘制中心线

在界面右侧命令工具栏中单击"中心线"按钮，在绘图窗口中合适位置绘制一条垂直和一条水平的中心线，如图 3-63 所示。

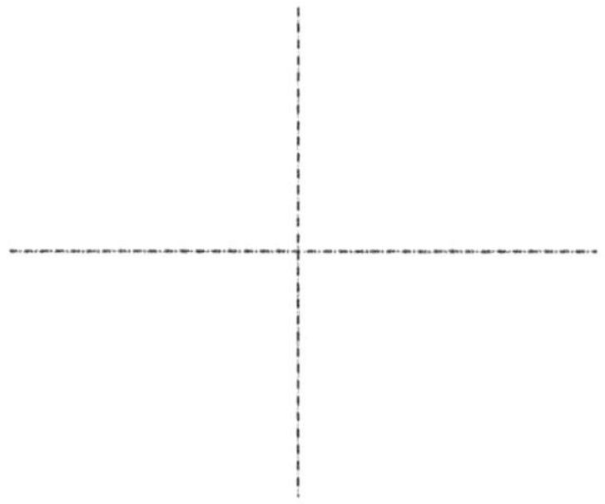

图 3-63　中心线的绘制

☞**STEP 4**　绘制圆

◆ 在界面右侧命令工具栏中单击"圆心和点"按钮〇，以两中心线的交点为圆心，绘制如图 3-64 所示圆。

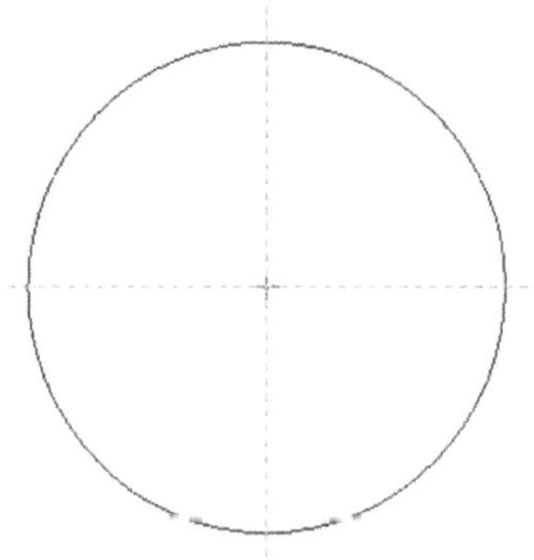

图 3-64　圆的绘制

◆ 在界面右侧命令工具栏中单击"同心"按钮◎，在已有圆的基础上，绘制如图 3-65所示的两个同心圆。

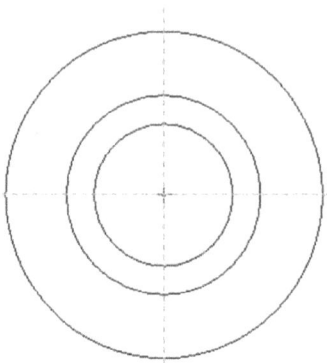

图 3-65　同心圆的绘制

☞**STEP 5** 绘制凸台

◆ 在界面右侧命令工具栏中单击"直线"按钮 ＼，在最小圆的上方位置绘制如图3-66 所示的两条直线。

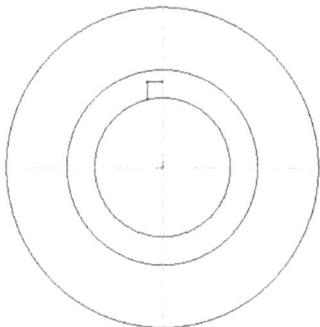

图3-66 凸台的绘制(一)

◆ 在界面右侧命令工具栏中单击"选择"按钮 ＼，用窗选的方式选中刚刚绘制的两条 直线，单击"镜像"按钮 ，然后单击垂直中心线，得到如图3-67所示图形。

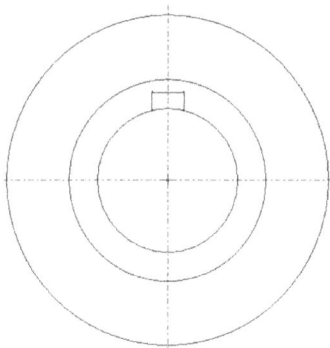

图3-67 凸台的绘制(二)

☞**STEP 6** 修剪图形

在界面右侧命令工具栏中单击"删除段"按钮 ，单击图形中多余的部分进行修剪，完成图形，如图3-68所示。

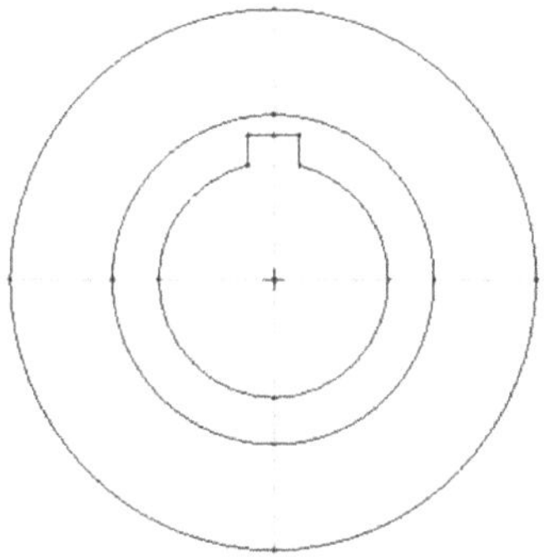

图3-68 修剪图形

☞**STEP 7**　修改尺寸

在界面右侧命令工具栏中单击"修改尺寸"按钮 ，弹出"修改尺寸"对话框，取消勾选"再生"复选框，单击所有尺寸，然后修改尺寸大小，如图3-69所示。修改结束后，单击 按钮，结果如图3-70所示。

图3-69　"修改尺寸"对话框

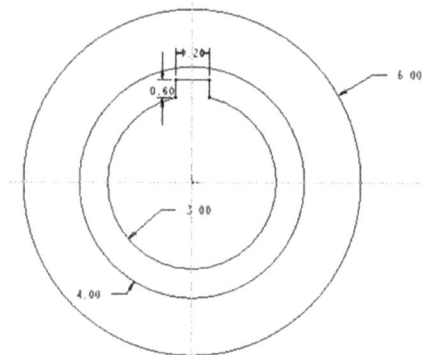

图3-70　完成的草绘图形

☞**STEP 8**　保存文件

完成图形后，单击主菜单栏的"文件"|"保存"或单击界面上方常用工具栏中的"保存"按钮 ，进行文件的保存。

拓展练习

草绘如图3-71所示的图形。

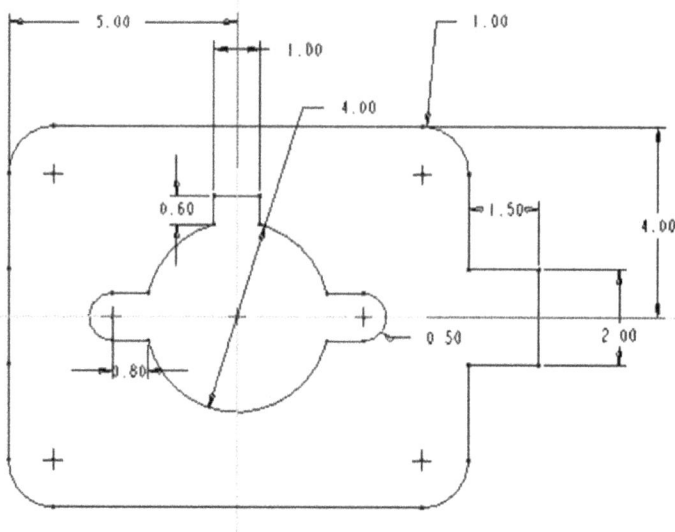

图3-71　练习图形

任务 3.4　汽车镜壳

任务目标

◎掌握圆弧的画法
◎巩固直线、圆、修剪绘图工具的应用

任务内容

运用 Pro/E 5.0 完成如图 3-72 所示汽车镜壳的草绘图。

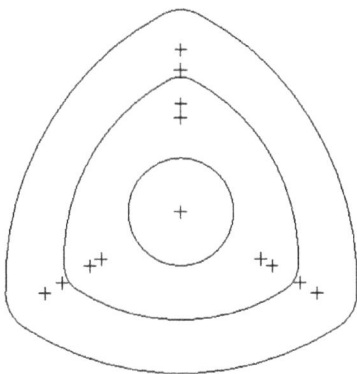

图 3-72　汽车镜壳草绘图

任务分析

在绘制汽车镜壳草绘图的过程中,会用到直线、圆、圆弧、修剪等常用草绘工具,通过本节内容可以巩固草绘图形的创建方法,从而提高三维建模的能力。

相关知识

1. 圆弧的绘制

在界面右侧命令工具栏中单击创建圆弧按钮 ⌒ 右侧的 ▶,弹出"圆弧"工具栏,如图 3-73 所示。

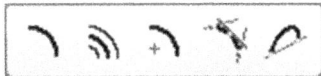

图 3-73　"圆弧"工具栏

（1）三点绘制圆弧

在"圆弧"工具栏中单击"三点/相切端"按钮 ，选择圆弧的两个端点位置单击，再移动鼠标至适当位置，选择圆弧上的第三个点单击。

（2）同心圆弧的绘制

在"圆弧"工具栏中单击"同心"按钮 ，选择要同心的圆或圆弧单击，再移动鼠标至适当的位置，选择圆弧的两个端点单击，继续单击可以绘制更多的同心圆弧。

（3）圆心和端点圆弧的绘制

在"圆弧"工具栏中单击"圆心和端点"按钮 ，选择圆心位置，再移动鼠标至适当位置，选择圆弧的两个端点单击。

（4）3 相切圆弧的绘制

在"圆弧"工具栏中单击"3 相切"按钮 ，在绘图窗口中分别单击三个图元上的切点位置，即可得到一个与三个图元都相切的圆弧，如图 3-74 所示。

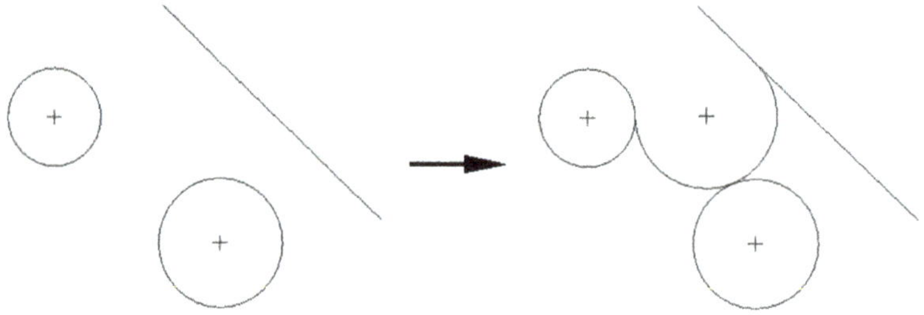

图 3-74   相切圆弧的绘制

任务实施

汽车镜壳的草绘步骤如下：

☞**STEP 1**   设置工作目录

在进入草绘之前应先设定工作目录：在主菜单栏选择"文件"丨"设置工作目录"。

☞**STEP 2**   新建"qichejingke"草绘文件

在主菜单栏选择"文件"丨"新建"，弹出"新建"对话框，选择"草绘"类型，并输入文件名称"qichejingke"，取消"使用缺省模板"，完成后单击"确定"按钮，进入草绘环境。

☞**STEP 3**   绘制圆

在界面右侧命令工具栏中单击"圆心和点"按钮 ，在绘图窗口中适当位置单击作为圆心，绘制直径分别为 20 和 60 的圆，如图 3-75 所示。

☞**STEP 4**   绘制等边三角形

选择直线工具在直径为 60 的圆内绘制三角形，约束三角形的三条边相等，如图 3-76 所示。

图 3-75　绘制圆

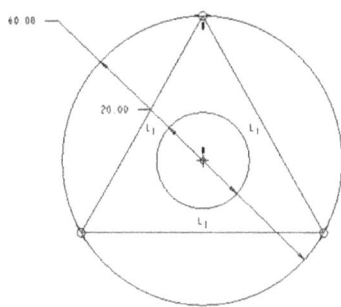

图 3-76　绘制等边三角形

☞**STEP 5**　绘制圆

在界面右侧命令工具栏中单击"圆心和点"按钮〇,选择三角形的三个顶点作为圆心,绘制三个直径为 15 的圆,如图 3-77 所示。

☞**STEP 6**　绘制圆弧

◆ 在"圆弧"工具栏中单击"3 相切"按钮，选择直径为 15 的两个圆和直径为 60 的圆绘制圆弧,如图 3-78 所示。

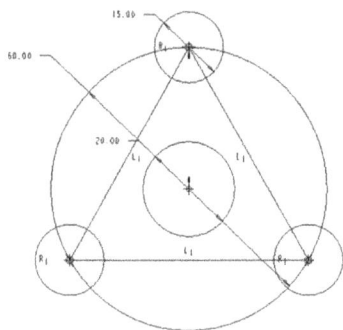

图 3-77　绘制三个圆

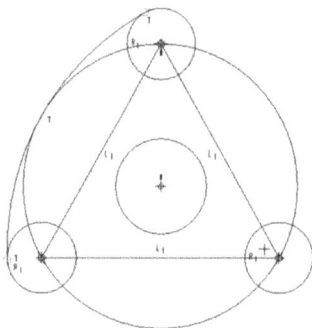

图 3-78　绘制圆弧

◆ 采用同样的方法绘制另外两个圆弧,如图 3-79 所示。

☞**STEP 7**　修剪图形

在界面右侧命令工具栏中单击"删除段"按钮，单击图形中多余的部分进行修剪,完成图形,如图 3-80 所示。

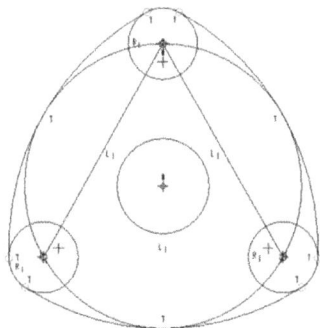

图 3-79　圆弧的绘制

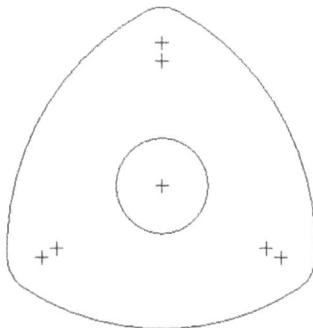

图 3-80　修剪图形

☞**STEP 8**　重复 STEP 3 ~ STEP 7

绘制直径为 40 的圆,重复 STEP 3 ~ STEP 7 绘制图形,如图 3-81 所示。

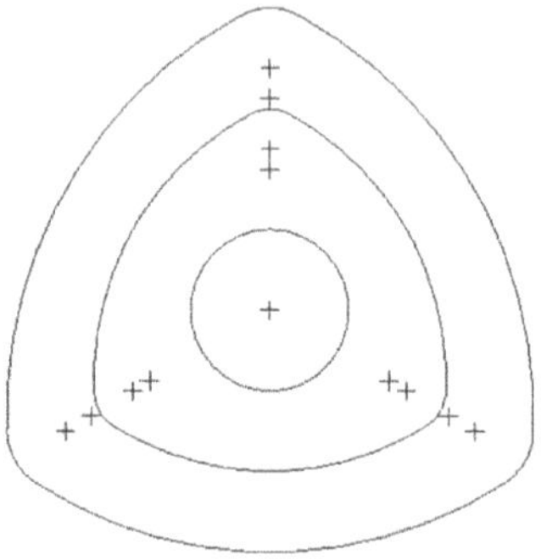

图 3-81　绘制图形

☞**STEP 9**　保存文件

完成图形后,单击主菜单栏的"文件"|"保存"或单击界面上方常用工具栏中的"保存"按钮🖫,进行文件的保存。

拓展练习

1. 草绘如图 3-82 所示的图形。

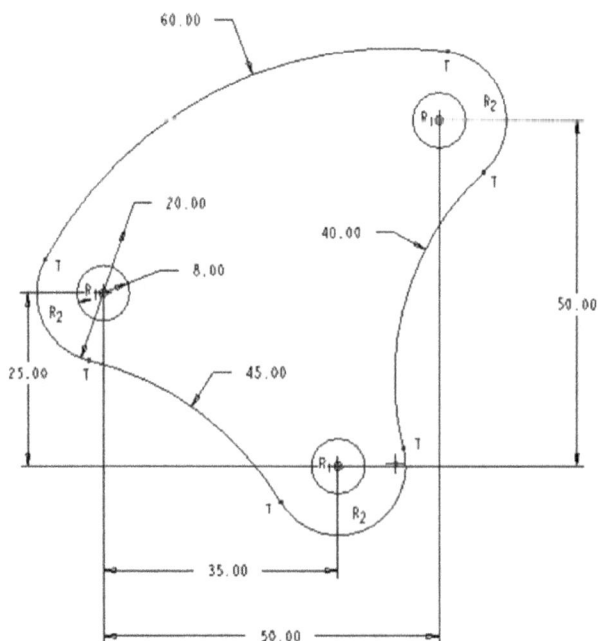

图 3-82　练习图形(一)

2. 草绘如图 3-83 所示的图形。

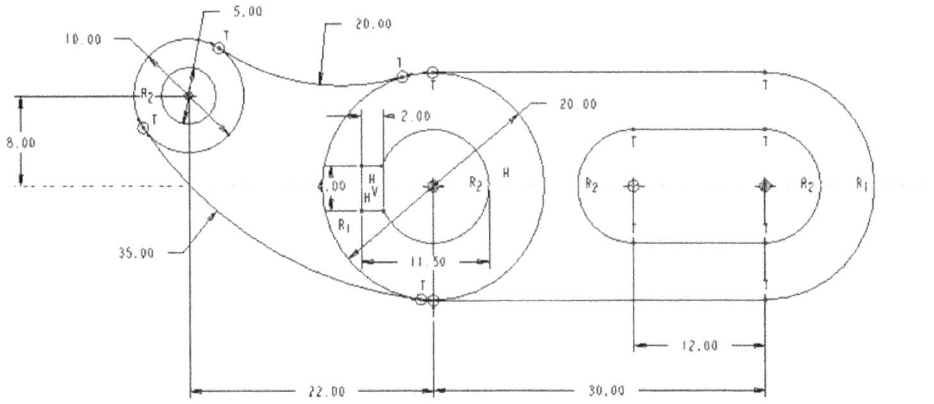

图 3-83　练习图形(二)

任务 3.5　密　封　垫

任务目标

◎掌握圆绘图工具的应用
◎掌握镜像等编辑工具的应用

任务内容

运用 Pro/E 5.0 完成如图 3-84 所示密封垫
的草绘图。

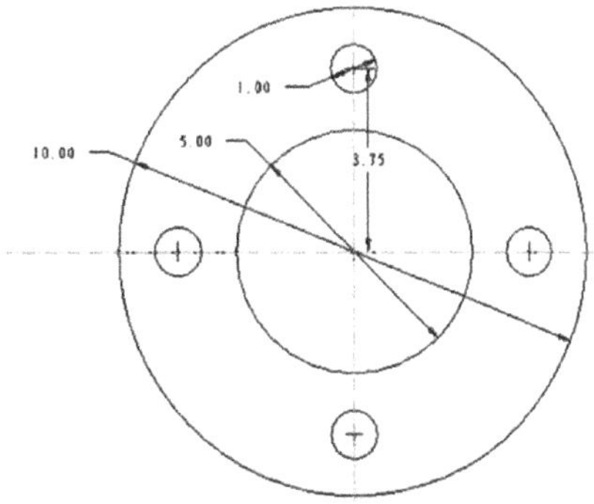

任务分析

通过本任务的学习,可以进一步掌握圆绘图
工具的使用方法,以及掌握镜像等编辑工具的使
用方法。

图 3-84　密封垫草绘图

任务实施

密封垫的草绘步骤如下：

☞**STEP 1**　设置工作目录

在进入草绘之前,要先设定工作目录:在主菜单栏选择"文件"|"设置工作目录"。

☞**STEP 2**　新建"mifengdian"草绘文件

在主菜单栏选择"文件"|"新建",弹出"新建"对话框,选择"草绘"类型,并输入文件名称"mifengdian",取消"使用缺省模板",完成后单击"确定"按钮,如图3-85所示。进入草绘环境,如图3-86所示。关掉"尺寸显示"按钮。

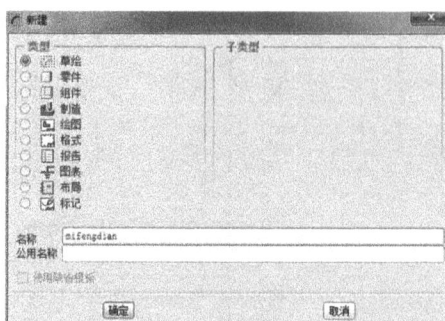

图3-85　新建"mifengdian"草绘文件

图3-86　进入草绘环境

☞**STEP 3**　绘制中心线

在界面右侧命令工具栏中单击"中心线"按钮，在绘图窗口中合适位置绘制一条垂直和一条水平的中心线,如图3-87所示。

☞**STEP 4**　绘制圆

◆ 在界面右侧工具栏中单击"圆心和点"按钮，以两中心线的交点为圆心,绘制如图3-88所示圆。

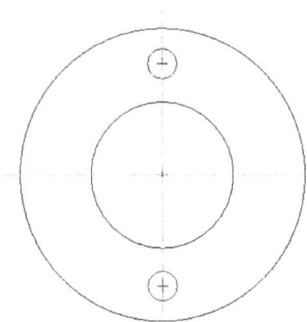

图 3-87　中心线的绘制　　　　　　　　图 3-88　圆的绘制

◆ 在界面右侧命令工具栏中单击"同心"按钮◎,在已有圆的基础上,绘制如图 3-89 所示同心圆。

◆ 单击"圆"按钮○,在大圆和小圆中间绘制一个小圆,如图 3-90 所示。

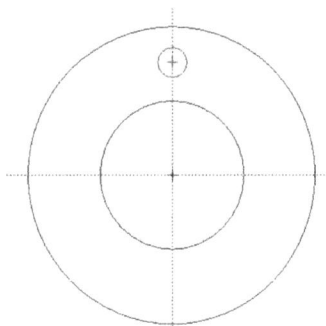

图 3-89　同心圆的绘制　　　　　　　　图 3-90　小圆的绘制

☞STEP 5　镜像小圆

◆ 选中刚刚绘制的小圆,单击"镜像"按钮,然后单击水平中心线,得到如图 3-91 所示图形。

◆ 再用同样的方法绘制水平中心线上的两个小圆,得到如图 3-92 所示图形。

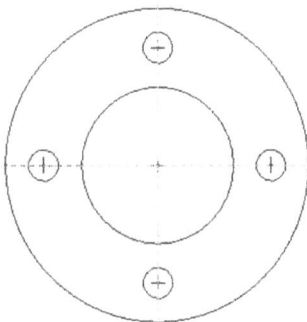

图 3-91　镜像小圆(一)　　　　　　　　图 3-92　镜像小圆(二)

☞**STEP 6** 修改尺寸

在界面右侧命令工具栏中单击"修改尺寸"按钮，弹出"修改尺寸"对话框，取消勾选"再生"复选框，单击所有尺寸，然后修改尺寸大小，如图 3-93 所示。修改结束后，单击✔按钮，结果如图 3-94 所示。

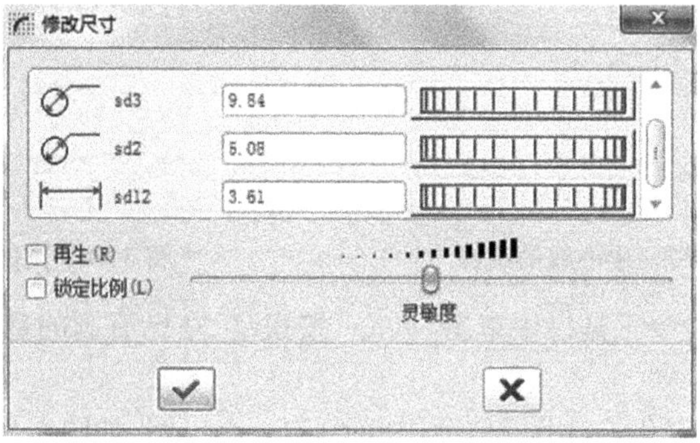

图 3-93　"修改尺寸"对话框

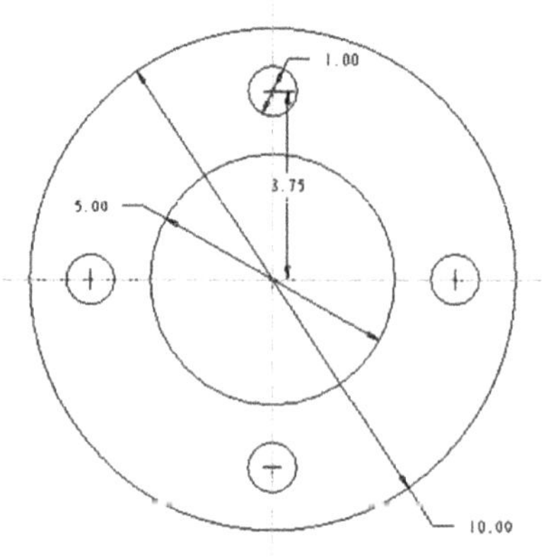

图 3-94　完成的草绘图形

☞**STEP 7** 保存文件

完成图形后，单击主菜单栏的"文件"|"保存"或单击界面上方常用工具栏中的"保存"按钮，进行文件的保存。

拓展练习

草绘如图 3-95 所示的图形。

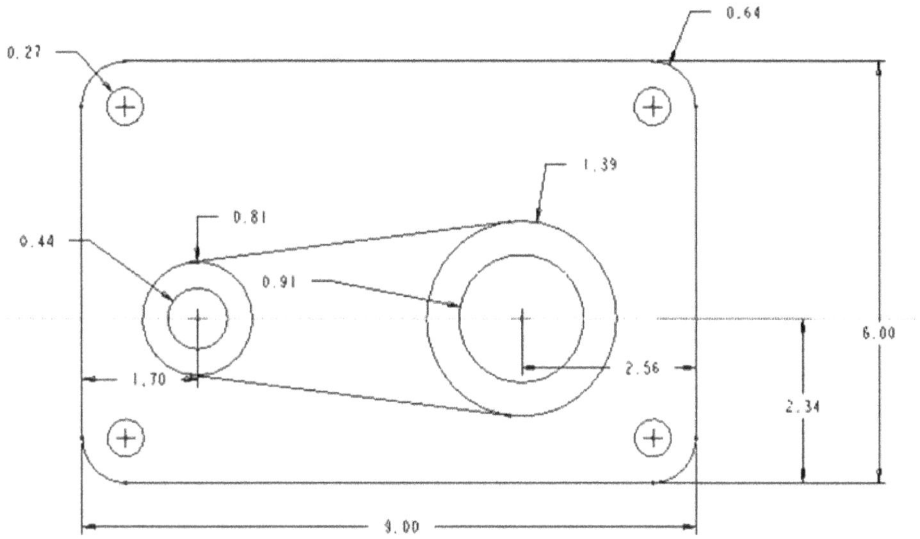

图 3-95　练习图形

任务 3.6　　定　位　板

任务目标

◎掌握直线、圆、倒圆角等绘图工具的应用

◎巩固调色板、尺寸、修剪等工具的应用

任务内容

运用 Pro/E 5.0 完成如图 3-96 所示定位板的草绘图。

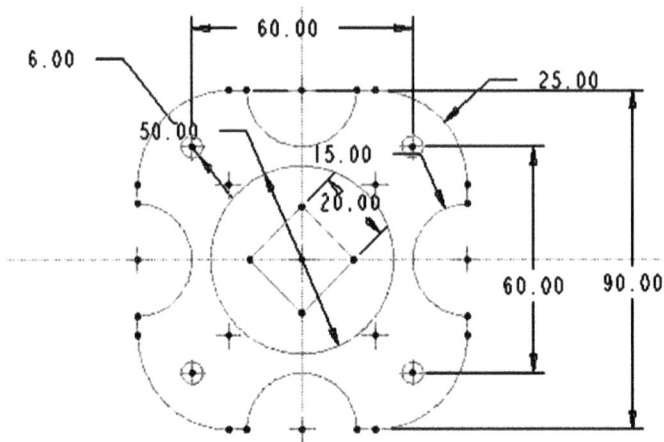

图 3-96　定位板草绘图

任务分析

通过本任务的学习,可以巩固调色板工具、尺寸标注、尺寸修改的使用方法,并进一步掌握修剪等编辑工具的使用方法。

任务实施

定位板的草绘步骤如下:

☞**STEP 1**　设置工作目录

在进入草绘之前,要先设定工作目录:在主菜单栏选择"文件"|"设置工作目录"。

☞**STEP 2**　新建"dingweiban"草绘文件

在主菜单栏选择"文件"|"新建",弹出"新建"对话框,选择"草绘"类型,并输入文件名称"dingweiban",取消"使用缺省模板",完成后单击"确定"按钮,如图 3-97 所示。进入草绘环境,如图 3-98 所示。关掉"尺寸显示"按钮🔲。

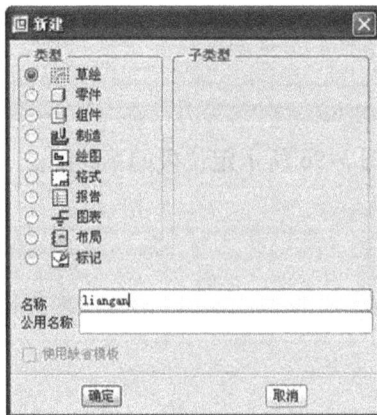

图 3-97　新建"dingweiban"草绘文件

图 3-98　进入草绘环境

☞**STEP 3**　绘制中心线

在界面右侧命令工具栏中单击"中心线"按钮 ⋮，在绘图窗口中合适位置绘制一条垂直和一条水平的中心线，如图 3-99 所示。

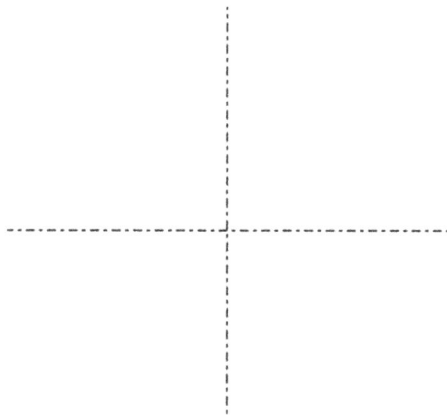

图 3-99　绘制中心线

☞**STEP 4**　绘制矩形

在界面右侧命令工具栏中单击"矩形"按钮□，绘制如图 3-100 所示矩形。

图 3-100　绘制矩形

☞**STEP 5**　绘制圆

在界面右侧命令工具栏中单击"圆心和点"按钮〇,以两中心线的交点为圆心,绘制如图 3-101 所示圆。

☞**STEP 6**　绘制正方形

◆ 在界面右侧命令工具栏中单击"直线"按钮＼,在已有图形的基础上,绘制如图 3-102 所示的四边形。

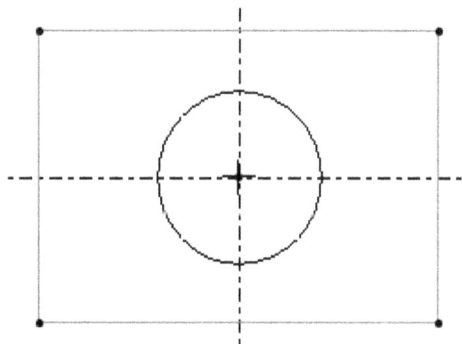

图 3-101　绘制圆

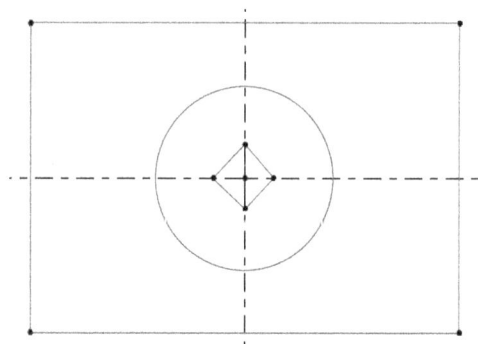

图 3-102　绘制四边形

◆ 在界面右侧命令工具栏中单击"约束"命令下拉菜单中的 **//** , **⊥** , **＝** 约束四边形的四条边使其互相平行、垂直、相等,弹出如图 3-103 所示的对话框,约束冲突,把第九个约束删除即可。

注意:约束冲突的删除需要判断后才能决定,不可随意删除。

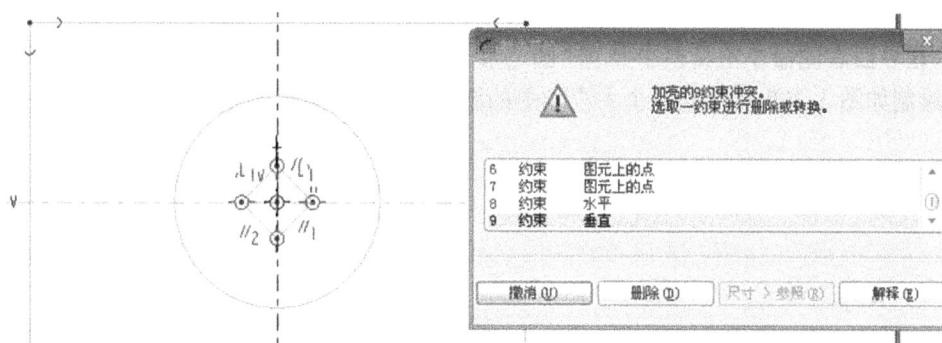

图 3-103 约束冲突对话框

☞**STEP 7** 倒圆角

◆ 在界面右侧命令工具栏中单击"圆形"按钮 ，单击需要倒圆角的图元,如图 3-104 a 所示。

◆ 单击"约束"命令下拉菜单中的 ，点击 T1 和 T2,再点击垂直中心线 H 使得 T1 和 T2 关于垂直中心线 H 对称;点击 T2 和 T3,再点击水平中心线 V,使得 T2 和 T3 关于水平中心线 V 对称,如图 3-104 b 所示 。

◆ 单击"约束"命令下拉菜单中的 ，分别选择矩形的四条边,使其相等,如图 3-104 c 所示。

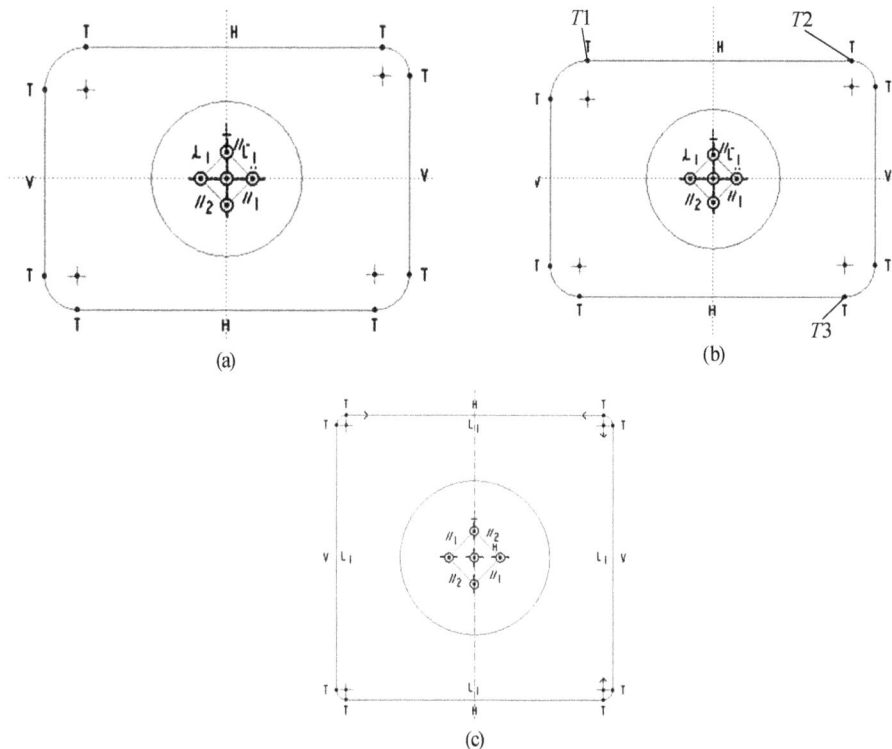

(a)

(b)

(c)

图 3-104 倒圆角

☞**STEP 8**　绘制圆

在界面右侧命令工具栏中单击"圆心和点"按钮 ○，分别以矩形每条边的中点为圆心，绘制如图 3-105 所示的四个大小相等的圆。

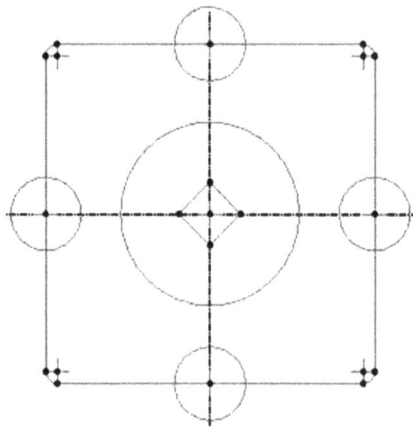

图 3-105　绘制圆

☞**STEP 9**　修剪

在界面右侧命令工具栏中单击"删除段"按钮 ，单击图形中多余的部分进行修剪，完成图形，如图 3-106 所示。

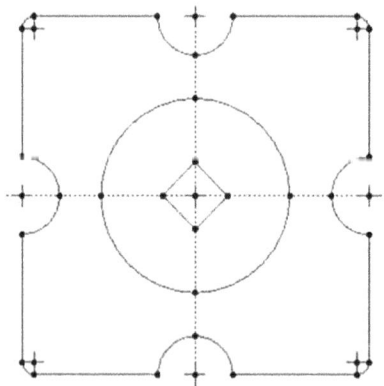

图 3-106　修剪图形

注意：单击修剪的位置不同，剪去的线段也不同，最后得到的图形也不同。

☞**STEP 10**　绘制圆

◆ 在界面右侧命令工具栏中单击"圆心和点"按钮 ○，在图示位置画四个大小相等的圆，如图 3-107 a 所示。

◆ 单击"约束"命令下拉菜单中的 ，点击 $C1$ 和 $C2$，再点击垂直中心线 H，使得 $C1$ 和 $C2$ 关于垂直中心线 H 对称；点击 $C2$ 和 $C3$，再点击水平中心线 V，使得 $C2$ 和 $C3$ 关于水平中心线 V 对称，如图 3-107 b 所示。

(a)

(b)

(c)

图 3-107 绘制圆

☞**STEP 11** 修改尺寸

◆ 按照如图 3-96 所示尺寸重新标注尺寸,结果如图 3-108 所示。

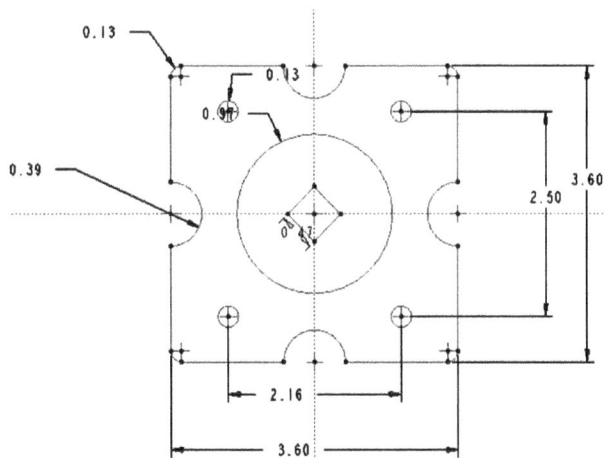

图 3-108 尺寸重新标注的图形

◆ 单击"修改尺寸"按钮⥯,弹出对话框,取消勾选"再生"复选框,单击所有尺寸进行修改,如图 3-109 所示。确定无误后,单击☑按钮,结果如图 3-110 所示。

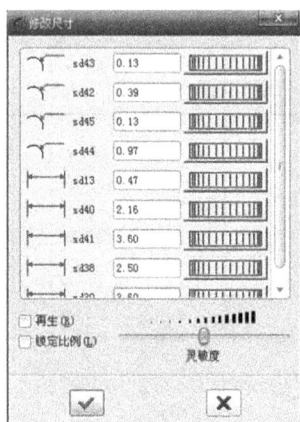

图 3-109　"修改尺寸"对话框

图 3-110　完成的草绘图形

☞**STEP 12**　保存文件

完成图形后,单击主菜单栏的"文件"|"保存"或单击界面上方常用工具栏中的"保存"按钮💾,进行文件的保存。

拓展练习

1. 草绘如图 3-111 所示的图形。

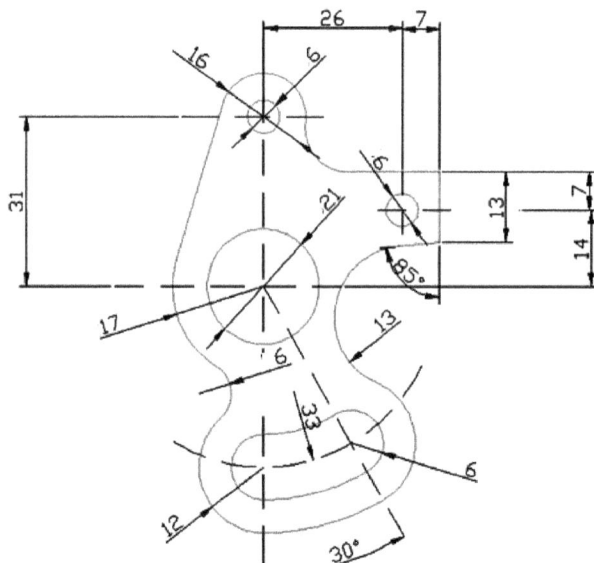

图 3-111　练习图形(一)

2. 草绘如图 3-112 所示的图形。

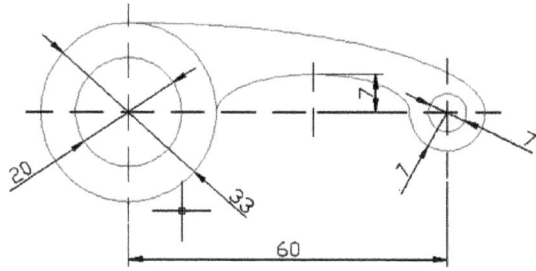

图 3-112 练习图形(二)

项目四

三维实体建模

支　　架

任务目标

◎熟悉拉伸特征的创建步骤
◎掌握拉伸特征的基本参数设置
◎能够运用拉伸特征进行三维实体建模

任务内容

运用拉伸特征完成如图 4-1 所示支架的三维实体建模。

图 4-1　支架三维实体模型

任务分析

拉伸特征是 Pro/E 5.0 中最常用的一种特征,大部分零件建模都是以拉伸特征开始的,如图 4-1 所示的支架就是典型的拉伸特征创建的模型。

相关知识

1. 创建拉伸特征

拉伸特征是将二维特征截面沿垂直于草绘平面的方向拉伸而生成的特征。

调用命令的方式如下:

菜单:执行"插入"|"拉伸"命令。

图标:单击界面右侧命令工具栏中的图标按钮 。

调用"拉伸"命令后,系统弹出"拉伸"面板,如图 4-2 所示。

图 4-2　"拉伸"面板

2. 定义拉伸截面

① 在弹出的"拉伸"面板中单击"放置"选项卡,弹出"放置"面板,如图 4-3 所示。

② 单击"放置"面板上的"定义"按钮,弹出"草绘"对话框,如图 4-4 所示。

图 4-3　"放置"面板

图 4-4　"草绘"对话框

◆ 平面:也叫草绘平面,主要用于绘制拉伸实体的截面图形。

◆ 使用先前的:单击此按钮,系统将自动选择上一次操作的草绘平面。

◆ 草绘视图方向:用于切换草绘平面的方向,单击"反向"按钮,便可切换视角方向。

◆ 参照:也叫参照平面,在选择草绘平面后,它可以任意旋转,无法确定下来,因此,需要选择参照平面来确定草绘平面的摆放。

◆ 方向:主要用于确定参照平面的方位,表示参照平面在草绘平面底部或顶部、左边或右边等。

③ 选择好草绘平面和参照平面后,单击"草绘"对话框下方的"草绘"按钮,进入草绘界面,如图 4-5 所示。

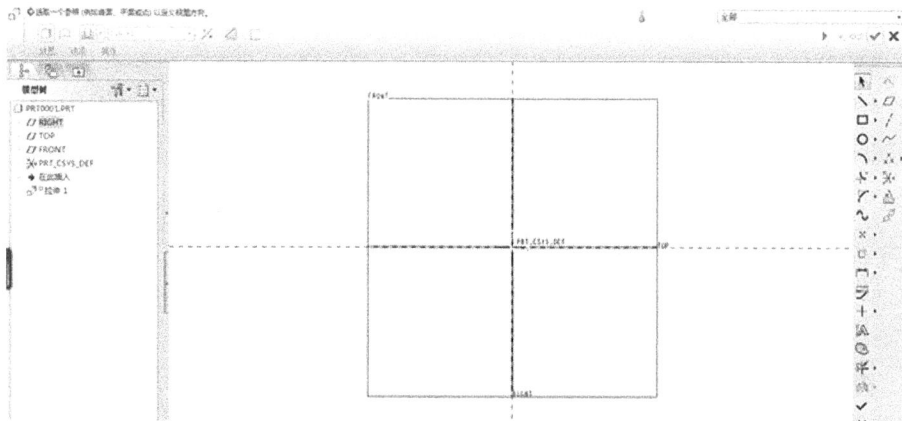

图 4-5　草绘界面

3. 设置拉伸类型

拉伸类型可以通过单击"拉伸"面板上的按钮进行设置。

- ◆ ▢:拉伸为实体。
- ◆ ▱:拉伸为曲面。
- ◆ ▨:去除材料。
- ◆ ▢:加厚草绘。

4. 设置拉伸深度

单击"拉伸"面板中的"选项"选项卡,弹出"选项"面板,如图4-6所示。

图4-6 "选项"面板

"选项"面板可以设置拉伸的深度模式,单击右侧的 ⏷ 按钮,出现拉伸深度的选项,如图4-7所示。

- ◆ ⬇ 盲孔:自草绘平面以指定深度值在特征创建的一侧拉伸二维特征截面,选择框后面的下拉框表示深度值。
- ◆ ⬌ 对称:在草绘平面两侧分别以指定深度值的一半对称拉伸二维特征截面,创建的特征实体在草绘平面两侧对称分布。
- ◆ ⬇ 到下一个:将二维特征截面拉伸至下一曲面,系统会根据轮廓和方向自动拉伸到最近的曲面。
- ◆ ⬇ 穿透:拉伸二维特征截面,使之与所有曲面相交。
- ◆ ⬇ 穿至:将二维特征截面拉伸,使其与选定曲面或平面相交。

图4-7 "拉伸深度"选项

- ◆ ⬇ 到选定项:将二维特征截面拉伸至一个选定的点、曲线、平面或曲面。

5. 修改特征名称,查看特征信息

单击"拉伸"面板中的"属性"选项卡,弹出"属性"面板,如图4-8所示。在"属性"面板中可以设置特征的名称,也可以单击右侧的 ⓘ 按钮查看特征信息。

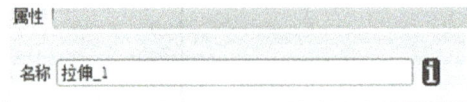

图4-8 "属性"面板

6. 完成拉伸特征

"拉伸"面板上的一些按钮可以控制拉伸实体的整体工作状况,这些按钮包括:

- ◆ ⬀:将拉伸的深度方向更改为草绘的另一侧。

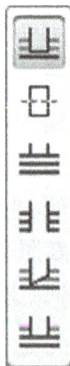

◆ Ⅱ:暂停拉伸特征操作。

◆ ▶:在特征暂停时出现,用来重新开始特征操作。

◆ ☑ 👓:预览要生成的拉伸特征以进行校验。

◆ ✔:完成特征操作。

◆ ✖:取消特征创建或重定义。

任务实施

支架的实体建模步骤如下:

☞**STEP 1**　新建"zhijia"文件

单击界面上方常用工具栏中的"新建"按钮,弹出"新建"对话框,选择"零件"类型,并输入文件名称"zhijia",取消"使用缺省模板",完成后单击"确定"按钮,如图 4-9 所示。在"新文件选项"对话框中选择"mmns_part_solid",单击"确定"按钮,如图 4-10 所示。进入零件建模界面,如图 4-11 所示。

图 4-9　新建"zhijia"零件文件

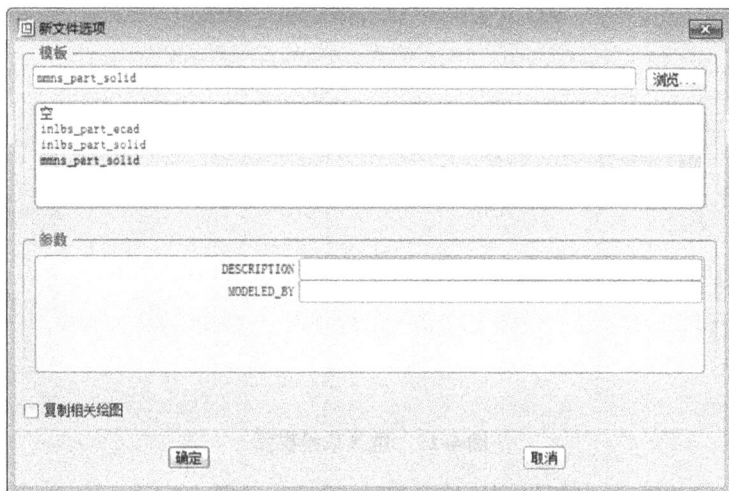

图 4-10　"新文件选项"设置

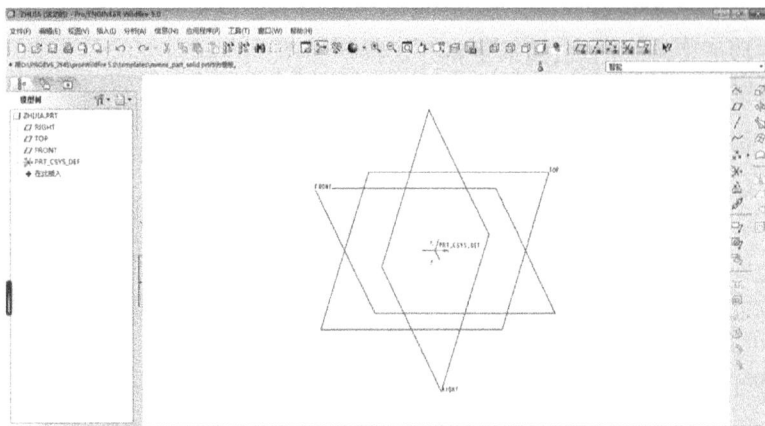

图 4-11　进入零件建模界面

☞**STEP 2**　创建底座

◆ 创建拉伸特征:单击界面右侧命令工具栏中的"拉伸"按钮 ⬚,弹出"拉伸"面板。进入拉伸实体创建。

◆ 定义拉伸截面:单击"放置"|"定义"按钮,弹出"草绘"对话框,选取 TOP 平面为草绘平面,如图 4-12 所示。单击"草绘"按钮,进入草绘界面,如图 4-13 所示。

图 4-12　定义拉伸截面

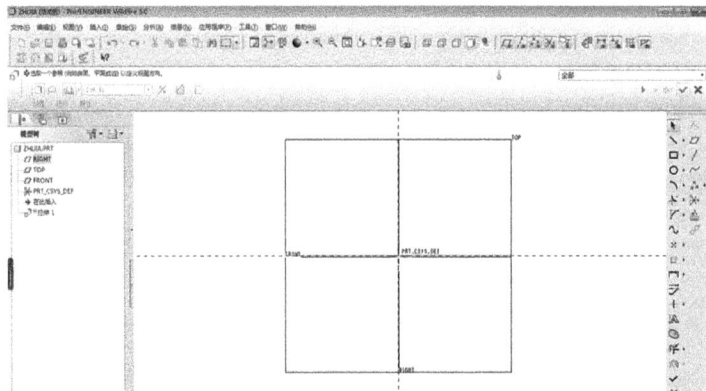

图 4-13　进入草绘界面

◆ 草绘拉伸截面:绘制矩形,长、宽分别为 80,50,如图 4-14 所示。单击右侧的 ✔ 按钮,完成草绘,回到"拉伸"面板,如图 4-15 所示。

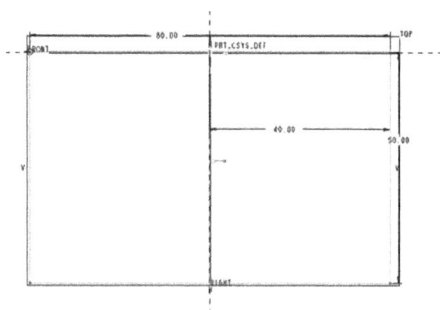

图 4-14　草绘截面

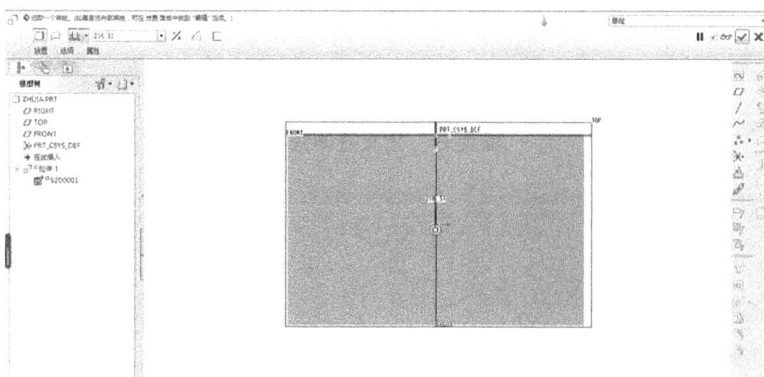

图 4-15　完成草绘

◆ 设置拉伸类型：拉伸类型为"实体"，如图 4-16 所示。

◆ 设置拉伸深度：拉伸深度为"盲孔"即单方向拉伸，深度数值为 10，如图 4-16 所示。

图 4-16　设置拉伸类型和拉伸深度

◆ 完成拉伸特征：特征预览正确后，单击 ✔ 按钮，完成底座创建，如图 4-17 所示。

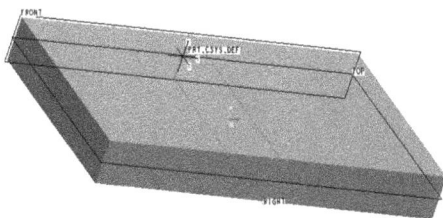

图 4-17　底座的创建

☞**STEP 3** 创建空心圆柱

◆ 创建拉伸特征:单击"拉伸"按钮 🗐,弹出"拉伸"面板。进入拉伸实体创建。

◆ 定义拉伸截面:单击"放置"|"定义"按钮,弹出"草绘"对话框,选取 FRONT 平面为草绘平面,如图 4-18 所示。单击"草绘"按钮,进入草绘界面,如图 4-19 所示。

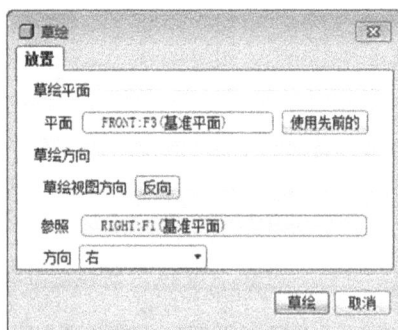

图 4-18   定义拉伸截面

图 4-19   进入草绘界面

◆ 草绘拉伸截面:绘制同心圆,直径分别为 50,30,其他尺寸约束如图 4-20 所示。单击右侧的 ✔ 按钮,完成草绘,回到"拉伸"面板,如图 4-21 所示。

图 4-20   草绘同心圆截面

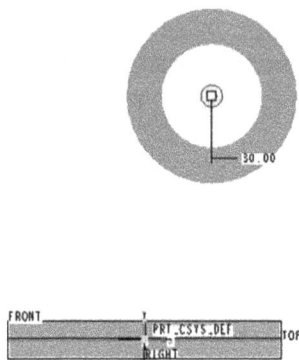

图 4-21   完成草绘

◆ 设置拉伸类型:拉伸类型为"实体"。

◆ 设置拉伸深度:拉伸深度为"盲孔",数值为30。

◆ 完成拉伸特征:特征预览正确后,单击 ✔ 按钮,完成底座空心圆柱创建,如图 4-22 所示。

图 4-22　空心圆柱的创建

☞**STEP 4**　创建背板

◆ 创建拉伸特征:单击"拉伸"按钮 🗗,弹出"拉伸"面板。进入拉伸实体创建。

◆ 定义拉伸截面:单击"放置"|"定义"按钮,弹出"草绘"对话框,选取 FRONT 平面为草绘平面。单击"草绘"按钮,进入草绘界面,如图 4-23 所示。

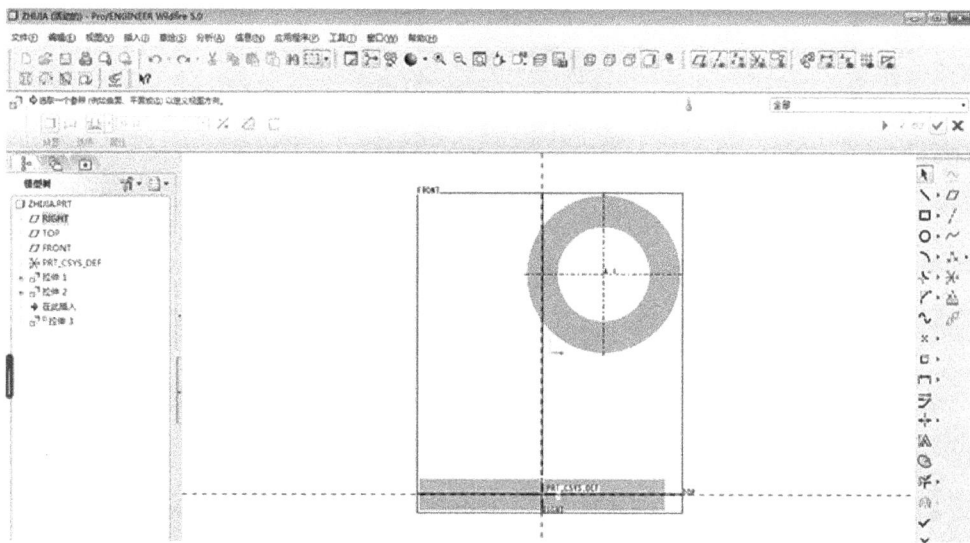

图 4-23　进入草绘界面

◆ 草绘拉伸截面:绘制草绘图形,创建相切约束,如图4-24所示。单击右侧的 ✔ 按钮,完成草绘,回到"拉伸"面板,如图4-25所示。

图4-24　草绘背板截面

图4-25　完成草绘

◆ 设置拉伸类型:拉伸类型为"实体"。

◆ 设置拉伸深度:拉伸深度为"盲孔",数值为15。

◆ 完成拉伸特征:特征预览正确后,单击 ✔ 按钮,完成背板创建,如图4-26所示。

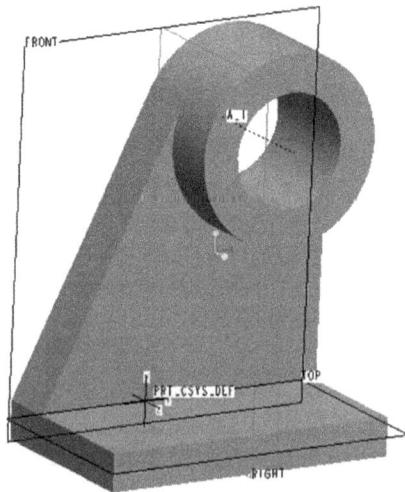

图4-26　背板的创建

☞**STEP 5**　创建孔

◆ 创建拉伸特征:单击"拉伸"按钮 ,弹出"拉伸"面板。进入拉伸实体创建。

◆ 定义拉伸截面:单击"放置"|"定义"按钮,弹出"草绘"对话框,选取底面为草绘平面,参照设置如图4-27所示。单击"草绘"按钮,进入草绘界面,如图4-28所示。

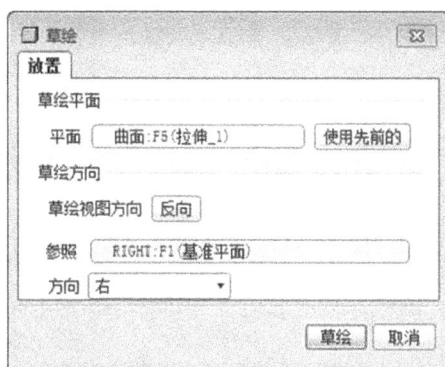

图 4-27　草绘截面设置

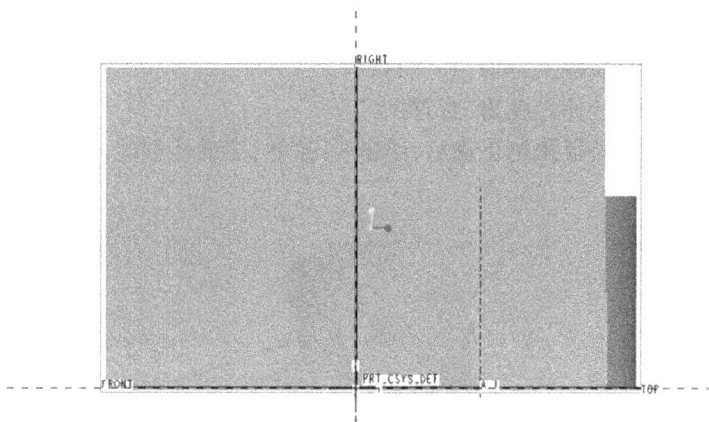

图 4-28　进入草绘界面

◆ 草绘拉伸截面:绘制两圆,两圆关于中心线对称,其他尺寸约束如图4-29所示。单击右侧的 ✔ 按钮,完成草绘,回到"拉伸"面板,如图4-30所示。

图 4-29　草绘圆孔截面

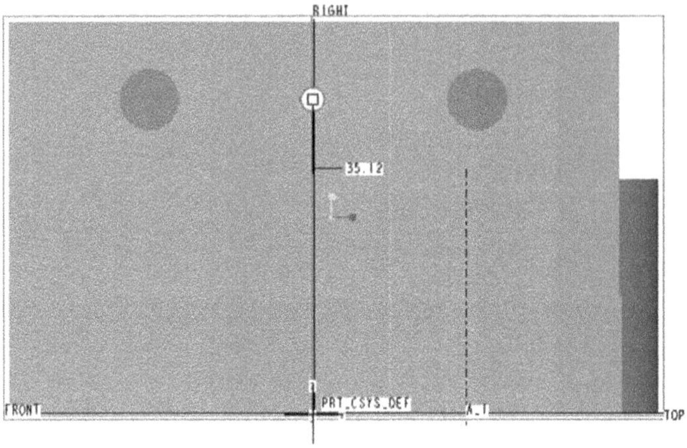

图 4-30 完成草绘

◆ 设置拉伸类型：拉伸类型为"移除材料△"。

◆ 设置拉伸深度：拉伸深度为"穿透⥮⥮"。

◆ 完成拉伸特征：特征预览正确后,单击 ✔ 按钮,完成孔创建,如图 4-31 所示。

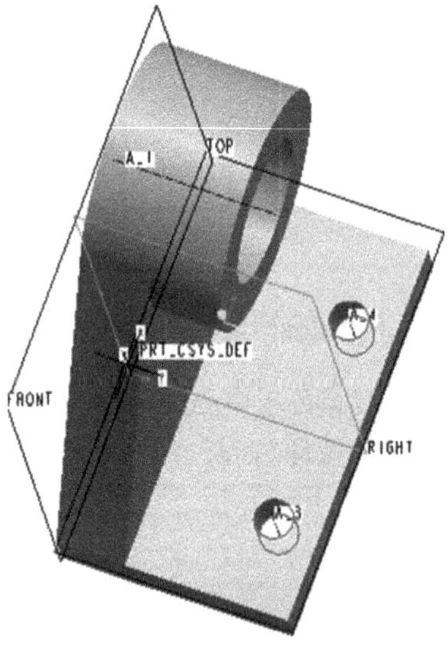

图 4-31 孔的创建

☞**STEP 6** 保存文件

以上特征全部创建完成后,单击界面上方常用工具栏中的"保存"按钮⊟,进行文件的保存。

拓展练习

1. 完成如图 4-32 所示法兰盘的三维实体建模。

图 4-32 法兰盘

2. 完成如图 4-33 所示手压阀手柄的三维实体建模。具体参数如图 4-34 所示。

图 4-33 手柄

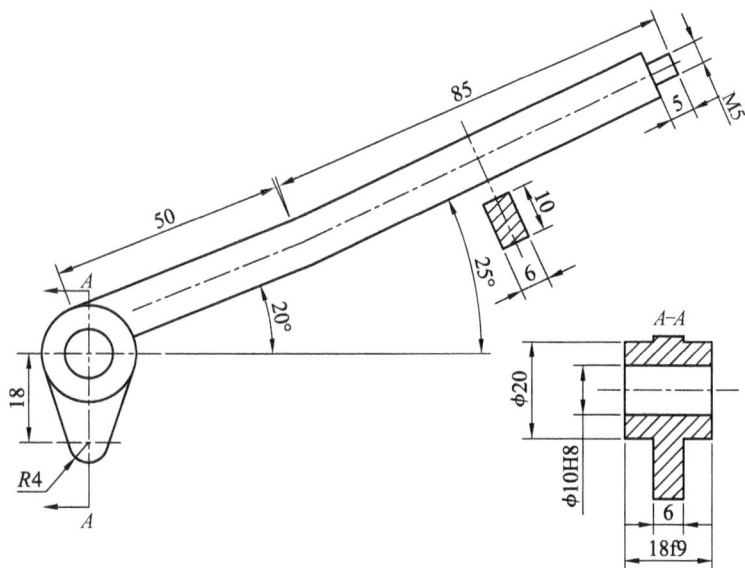

图 4-34 手柄零件图

任务 4.2　　偏　心　轴

任务目标

◎熟悉旋转特征的创建步骤

◎掌握旋转特征的基本参数设置

◎能够运用旋转特征进行三维实体建模

任务内容

运用旋转特征完成车床床尾偏心轴的三维实体建模,如图 4-35 所示。

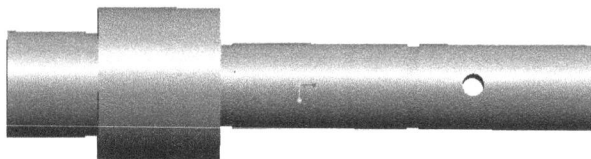

图 4-35　偏心轴三维实体模型

任务分析

旋转特征与拉伸特征类似,也是零件建模过程中最常用的特征之一,主要用于构建回转类零件。

相关知识

1. 创建旋转特征

旋转特征是将二维特征截面绕中心轴旋转生成的特征。

调用命令的方式如下:

菜单:执行"插入"|"旋转"命令。

图标:单击界面右侧命令工具栏中的 图标按钮。

调用"旋转"命令后,系统弹出"旋转"面板,如图 4-36 所示。

图 4-36　"旋转"面板

2. 定义旋转截面

① 在弹出的"旋转"面板中单击"放置"选项卡,弹出"放置"面板,如图 4-37 所示。

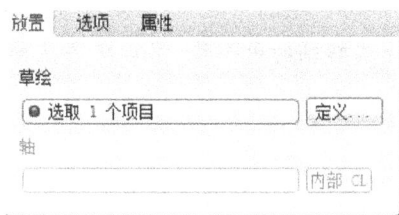

图 4-37 "放置"面板

② 单击"放置"面板上的"定义"按钮,弹出"草绘"对话框,如图 4-38 所示。

图 4-38 "草绘"对话框

③ 选择好草绘平面和参照平面后,单击"草绘"对话框下方的"草绘"按钮,进入草绘界面,如图 4-39 所示。

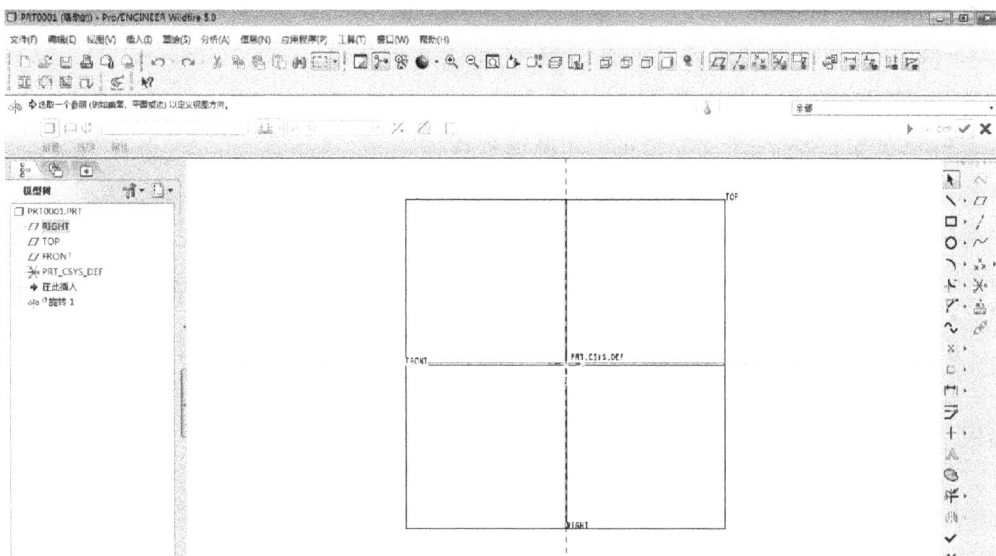

图 4-39 草绘界面

④ 在草绘界面完成旋转截面及中心线的绘制,点击界面右侧的 ✔ 图标,完成草绘。

注意:草绘截面时要绘出旋转轴。如果截面包含一条中心线,则该中心线将被用作旋转轴。如果草绘截面包含一条以上的中心线,系统会将第一条中心线用作旋转轴。若想改变旋转轴,可单击要作为旋转轴的中心线,然后单击鼠标右键,在系统弹出的快捷菜单中选取"旋转轴"选项即可。

3. 设置旋转轴

定义旋转轴时可以使用外部参照,也可以使用内部中心线。

① 使用外部参照是指使用现有的轴作为旋转轴,单击"放置"面板上的 内部 CL 按钮,可在草绘图中选取轴线作为旋转轴。

② 使用内部中心线是指使用草绘中创建的中心线作为旋转轴。

4. 设置旋转类型

旋转类型可以通过单击"旋转"面板上的按钮进行设置。

◆ ▢:旋转为实体。

◆ ◠:旋转为曲面。

◆ ◿:去除材料。

◆ ▢:加厚草绘。

5. 设置旋转角度

单击"旋转"面板中的"选项"选项卡,弹出"选项"面板,如图4-40所示。

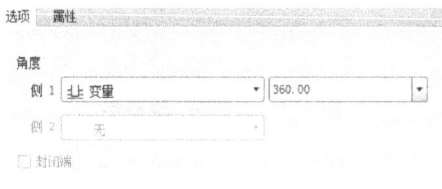

图4-40　"选项"面板

"选项"面板可以设置旋转的角度模式,单击右侧的 ⋅ 按钮,出现旋转角度的选项,如图4-41所示。

◆ ⬆ 变量:自草绘平面以指定的角度值旋转。

◆ ⬚ 对称:在草绘平面两侧各旋转指定角度的一半,用来创建两边对称的旋转实体。

◆ ⬆ 到选定项:将二维特征截面旋转至一个选定的点、线、平面或曲面。

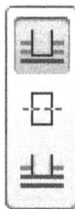

图4-41　"旋转角度"选项

6. 修改特征名称,查看特征信息

单击"旋转"面板中的"属性"选项卡,弹出"属性"面板,如图4-42所示。在"属性"面板中可以设置特征的名称,也可以单击右侧的 ❶ 按钮查看特征信息。

图4-42　"属性"面板

7. 完成旋转特征

"旋转"面板上的一些按钮可以控制旋转实体的整体工作状况,这些按钮包括:

◆ %:将旋转的角度方向更改为另一侧。

◆ ‖:暂停旋转特征操作。

◆ ▶:在特征暂停时出现,用来重新开始特征操作。

◆ ☑ 66:预览要生成的旋转特征以进行校验。

◆ ✔:完成特征操作。

◆ ✘:取消特征创建或重定义。

在建立旋转特征时要注意以下几个问题:

① 旋转特征必须有一条绕其旋转的中心线,此中心线可以是包含在草绘截面中的,也可以是之前建立的独立于本特征的轴线。

② 旋转截面必须全部位于中心线的一侧。

③ 在生成旋转实体时,截面必须是封闭的。

任务实施

车床床尾偏心轴的实体建模步骤如下:

☞**STEP 1**　新建"pianxinzhou"文件

单击"新建"按钮□,弹出"新建"对话框,选择"零件"类型,并输入文件名称"pian-xinzhou",取消"使用缺省模板",如图 4-43 所示。完成后,单击"确定"按钮。在"新文件选项"对话框中选择"mmns_part_solid",单击"确定"按钮。进入零件建模界面。

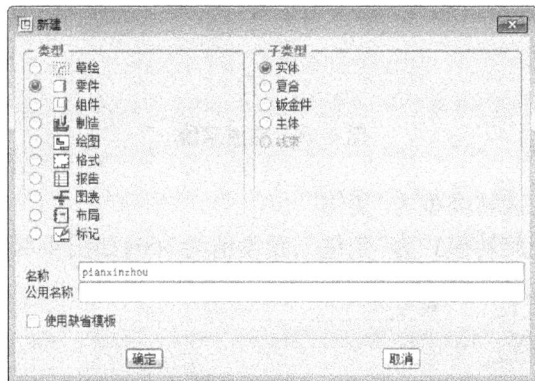

图 4-43　新建"pianxinzhou"零件文件

☞**STEP 2**　使用旋转命令生成回转轴

◆ 创建旋转特征:单击界面右侧命令工具栏中的"旋转"按钮%,弹出"旋转"面板。进入旋转实体创建。

◆ 定义旋转截面:单击"放置"|"定义"按钮,弹出"草绘"对话框,选取 FRONT 平面为草绘平面。单击"草绘"按钮,进入草绘界面。

◆ 草绘旋转截面:在草绘界面绘制旋转截面和中心轴线,如图 4-44 所示。单击右侧

的 ✔ 按钮,完成草绘,回到"旋转"面板,如图4-45所示。

图4-44　草绘截面

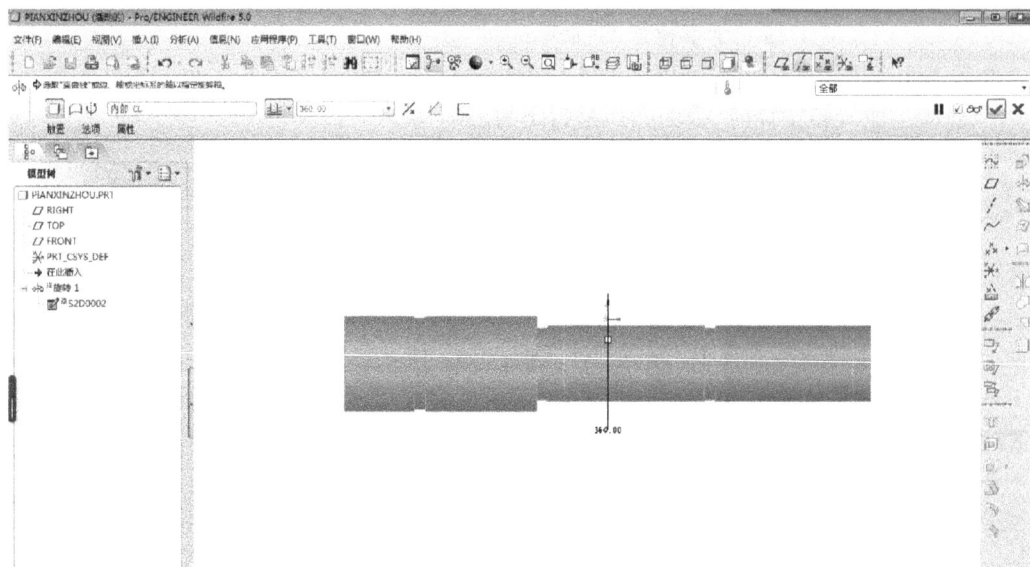

图4-45　完成草绘

◆ 设置旋转类型:旋转类型为"实体"。

◆ 设置旋转角度:旋转模式为"变量",角度值为360,如图4-46所示。

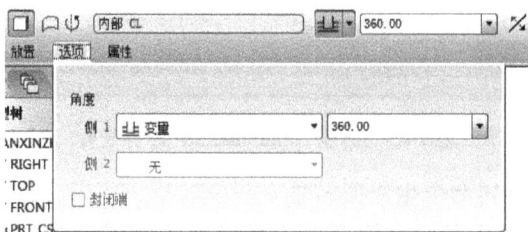

图4-46　旋转类型和角度设置

◆ 完成旋转特征:特征预览正确后,单击 ✔ 按钮,完成回转轴创建,如图4-47所示。

图4-47 回转轴的创建

☞**STEP 3** 使用旋转命令生成偏心轴

◆ 创建旋转特征:单击"旋转"按钮，弹出"旋转"面板。进入旋转实体创建。

◆ 定义旋转截面:单击"放置"|"定义"按钮，弹出"草绘"对话框，选取 FRONT 平面为草绘平面。

◆ 草绘旋转截面:绘制偏心轴截面和偏心轴的旋转中心，如图4-48所示。单击右侧的 ✔ 按钮，完成草绘，如图4-49所示。

图4-48 草绘偏心轴截面

图4-49 完成偏心轴草绘

◆ 设置旋转类型:旋转类型为"实体"。

◆ 设置旋转角度:旋转模式为"变量"，角度值为360。

◆ 完成旋转特征:特征预览正确后，单击 ✔ 按钮，完成偏心轴创建，如图4-50所示。

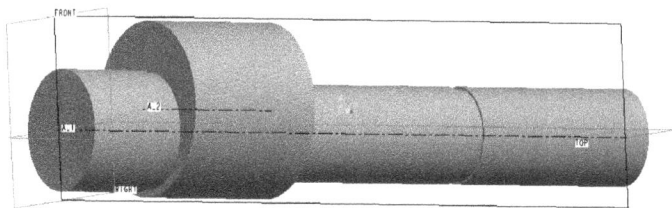

图4-50 偏心轴的创建

☞**STEP 4** 使用拉伸去除材料创建通孔

◆ 创建拉伸特征:单击"拉伸"按钮，弹出"拉伸"面板。进入拉伸实体创建。

◆ 定义拉伸截面：单击"放置"|"定义"按钮，弹出"草绘"对话框，选取 TOP 平面为草绘平面。单击"草绘"按钮，进入草绘界面。

◆ 草绘拉伸截面：绘制通孔截面图形，如图 4-51 所示。单击右侧的 ✔ 按钮，完成草绘，回到"拉伸"面板，如图 4-52 所示。

图 4-51　草绘通孔截面

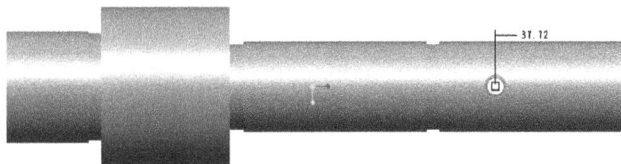

图 4-52　完成通孔截面草绘

◆ 设置拉伸类型：拉伸类型为"移除材料☑"。
◆ 设置拉伸深度：拉伸深度为"对称"，数值为大于 20。
◆ 完成拉伸特征：特征预览正确后，单击 ✔ 按钮，完成通孔创建，如图 4-53 所示。

图 4-53　通孔的创建

☞**STEP 5**　保存文件

以上特征全部创建完成后，单击界面上方常用工具栏中的"保存"按钮📄，进行文件的保存。

拓展练习

1. 完成如图 4-54 所示短轴的三维实体建模。

图 4-54 短轴

2. 完成如图 4-55 所示阀体的三维实体建模。

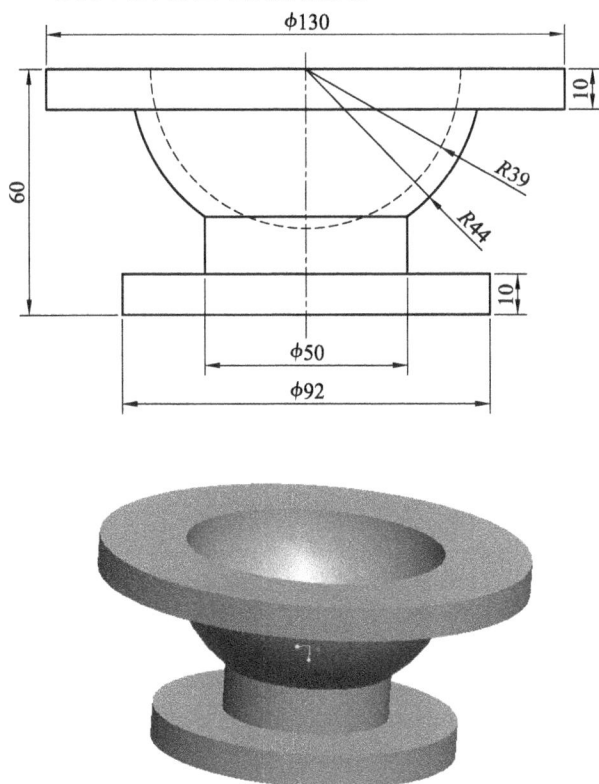

图 4-55 阀体

任务 4.3   连　　杆

任务目标

◎熟悉倒圆角和倒角特征的创建过程
◎掌握倒圆角和倒角特征的基本参数设置

任务内容

运用所学命令完成连杆的三维实体建模，如图 4-56 所示，图中圆角半径都为 2，倒角为 C1。

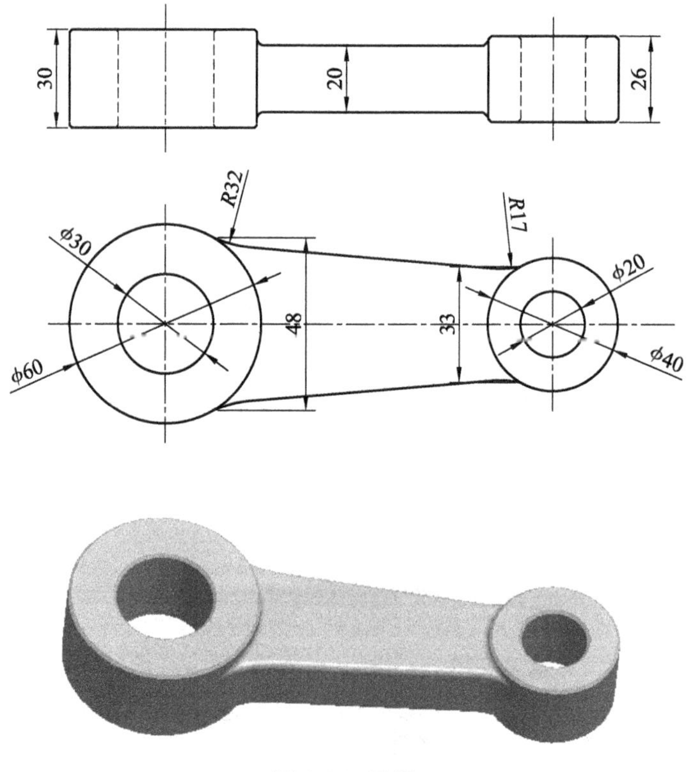

图 4-56　连杆

任务分析

倒圆角是一种边处理特征，它通过向一条边或多条边、边链或在曲面之间添加半径形成。倒角是通过边或拐边进行切削而形成。图4-56实例主要运用拉伸、倒圆角和倒角命令完成连杆的三维实体建模。

相关知识

1. 倒圆角特征的创建

调用命令的方式如下：

菜单：执行"插入"|"倒圆角"命令。

图标：单击界面右侧命令工具栏中的 图标按钮。

调用"倒圆角"命令后，系统弹出"倒圆角"面板，如图4-57所示。

图4-57 "倒圆角"面板

2. 倒圆角模式设定

激活"倒圆角"命令后，可以在"倒圆角"面板中单击相应图标设定倒圆角模式。

◆ "集"模式：对圆角的组，以及每组圆角的形状、参照、半径等内容进行设定。

◆ "过渡"模式：当在模型中生成圆角后此选项可用。该选项可以对几个倒圆角的相交或终止处的圆角过渡类型进行设定，如图4-58所示。

(a) "缺省"过渡　　　　(b) "相交"过渡　　　　(c) "拐角球"过渡

图4-58 圆角过渡类型

3. 倒圆角特征创建方法

创建倒圆角特征的方法主要有以下三种：

◆ 恒定倒圆角：创建固定半径的倒圆角特征。

◆ 可变倒圆角：创建可变半径的倒圆角特征。

◆ 完全倒圆角：创建半圆柱形倒圆角特征。

（1）创建恒定倒圆角

① 单击 图标按钮，打开"圆角"特征面板，如图4-59所示。

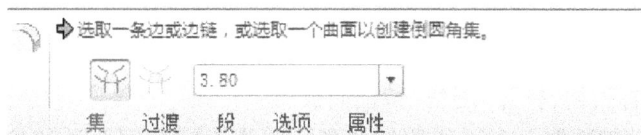

图4-59 "圆角"特征面板

②选取一条边作为倒圆角参照,并输入恒定倒圆角的"半径值"为20,单击 ✔ 图标按钮,完成恒定倒圆角特征的创建,如图4-60所示。

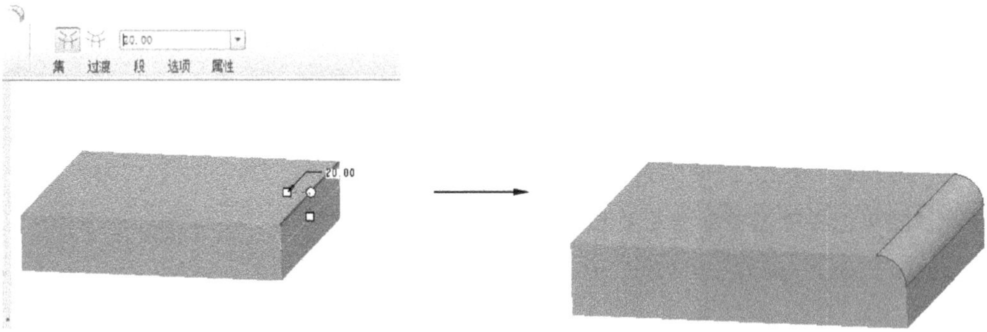

图4-60　恒定倒圆角特征创建

(2)创建可变倒圆角

①单击 ◥ 图标按钮,打开"圆角"特征面板。

②选取一条边作为倒圆角参照。

③将鼠标移至绘图窗口尺寸显示方框处,单击鼠标右键,在快捷菜单中选择"添加半径"选项,为圆角添加一个新的半径,如图4-61所示。

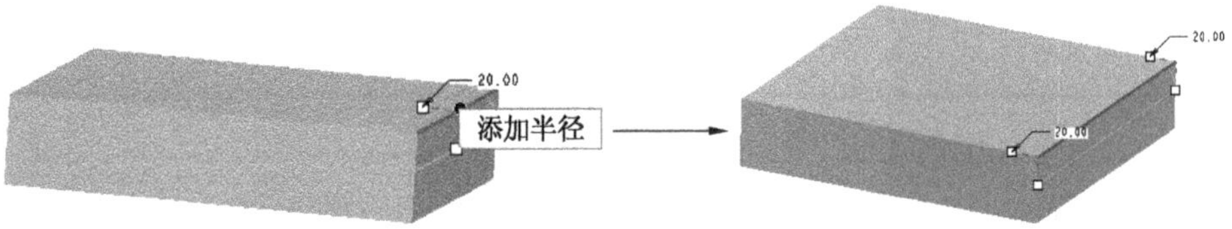

图4-61　圆角添加新半径

④在模型中利用相同的方法为圆角再添加一个新的半径,在绘图区中双击相应的半径值修改其尺寸,单击 ✔ 图标按钮,完成可变倒圆角特征的创建,如图4-62所示。

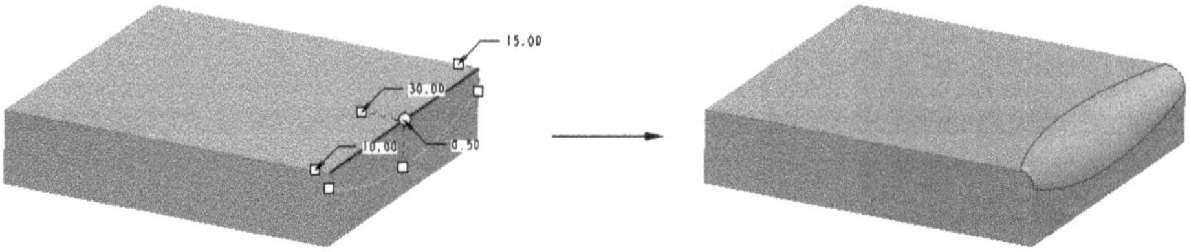

图4-62　可变倒圆角特征创建

(3)创建完全倒圆角

①单击 ◥ 图标按钮,打开"圆角"特征面板。

②按住【Ctrl】键选取上表面两侧的两条边线作为完全倒圆角的参照,单击"集"按钮,弹出"设置"上滑面板,单击"完全倒圆角"按钮,此时的模型显示如图4-63所示。

图4-63　完全倒圆角设置

③ 在"圆角"特征面板中,单击 ✔ 图标按钮,完成完全倒圆角特征的创建,如图4-64 所示。

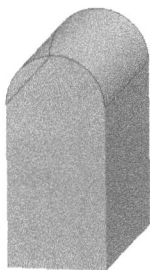

图4-64　完全倒圆角特征创建

4．边倒角特征的创建

（1）边倒角特征的调用方式

菜单:执行"插入"I"倒角"I"边倒角"命令。

图标:单击命令工具栏中的 图标按钮。

（2）边倒角模式设定

◆ "集"模式:在此状态下单击面板上的"集",可以在弹出的"集"面板中建立边倒角的集合,并可以设定每组边倒角的放置参照、长度等参数。

◆ "过渡"模式:可以在边倒角的相交或终止处设定倒角过渡的不同类型,如图4-65 所示。

(a) "相交"过渡　　　　　　　(b) "曲面片"过渡

图4-65　边倒角的过渡类型

（3）边倒角类型

在"边倒角"特征面板中,可以选择边倒角的类型。

◆ D×D:创建倒角边两侧的倒角距离相等的倒角特征。

◆ D1×D2:创建倒角边两侧的倒角距离不相等的倒角特征。

◆ 角度×D:创建通过一个倒角距离和一个倒角角度定义的倒角特征。

◆ 45×D:此形式仅限在两正交平面相交处的边线上创建倒角特征,系统将默认倒角的角度为45°。

◆ O×O:在沿各曲面上的边偏移 O 处创建倒角。

◆ O1×O2:在一个曲面距选定边的偏移距离 O1,另一个曲面距选定边的偏移距离 O2 处创建倒角。

（4）创建边倒角

① 单击 ╲ 图标按钮,打开"边倒角"特征面板。

② 选择长方体的倒角边1进行倒角,选择 D×D 类型,设定距离为10,如图4-66所示。

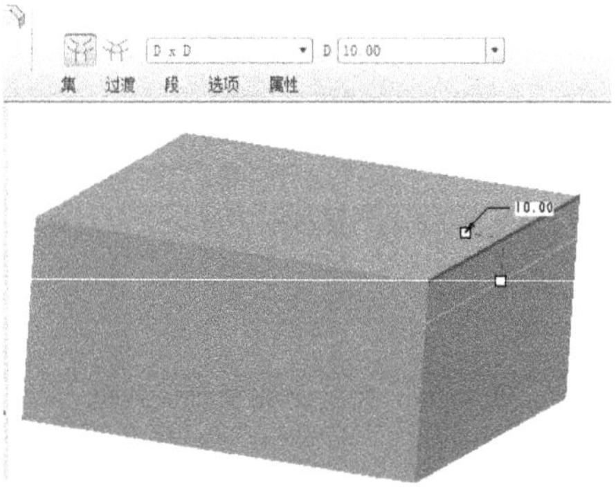

图4-66　倒角1设定

③ 再选取倒角边2进行倒角,选择 D1×D2 类型,设定两边距离分别为10和20,如图4-67所示。

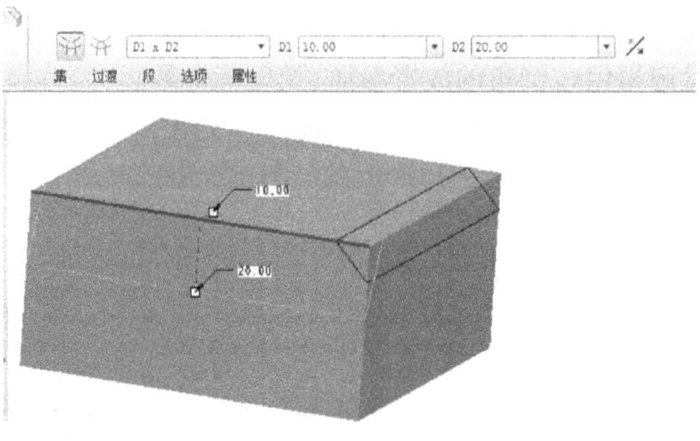

图4-67　倒角2设定

④ 在"边倒角"特征面板中,单击 ✔ 图标按钮,完成边倒角特征的创建,如图4-68所示。

图 4-68　边倒角特征创建

5. 拐角倒角特征的创建

① 执行"插入"|"倒角"|"拐角倒角"命令,弹出"拐角倒角"对话框,如图 4-69 所示。

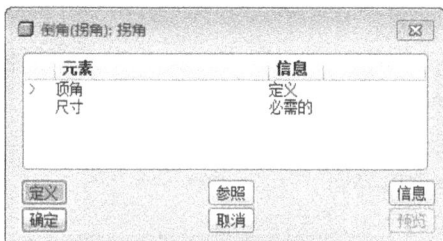

图 4-69　"拐角倒角"对话框

② 选取拐角的一条边线,以定义拐角的位置,弹出"选出/输入"对话框,如图 4-70 所示。

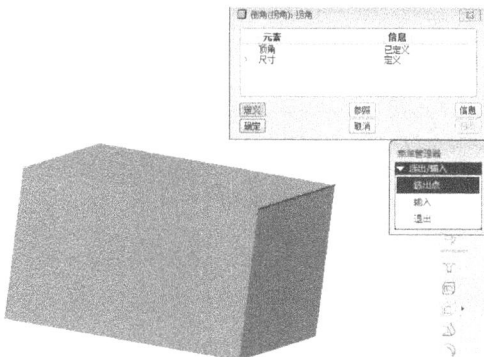

图 4-70　选取拐角倒角的边

③ 选择"输入"选项,并在消息区域输入定义第一条拐角边尺寸的长度值为 30,如图 4-71 所示,单击✔图标按钮,完成第一条拐角边的设置。

图 4-71　拐角边尺寸的长度值设置

④ 根据消息区域的提示,依次输入定义另外两条拐角边的长度值分别为 20,30,完

成拐角边的参数设置后,单击"拐角倒角"对话框中的"确定"按钮,完成拐角倒角特征的创建,如图 4-72 所示。

图 4-72　拐角倒角特征创建

任务实施

运用倒圆角和倒角命令完成如图 4-56 所示连杆的三维实体建模。

☞**STEP 1**　新建"liangan"文件

单击"新建"按钮□,选择"零件"类型,并输入文件名称"liangan",选择公制单位,单击"确定"按钮。进入零件建模界面。

☞**STEP 2**　运用拉伸命令生成连杆一端

◆ 创建拉伸特征:单击界面右侧命令工具栏中的"拉伸"按钮□,弹出"拉伸"面板。

◆ 定义拉伸截面:单击"放置"|"定义"按钮,弹出"草绘"对话框,选取 TOP 平面为草绘平面。单击"草绘",进入草绘界面。

◆ 草绘拉伸截面:在草绘界面绘制拉伸截面,如图 4-73 所示。定义拉伸深度为"对称□",数值为 30,单击 ✔ 按钮,完成拉伸,如图 4-74 所示。

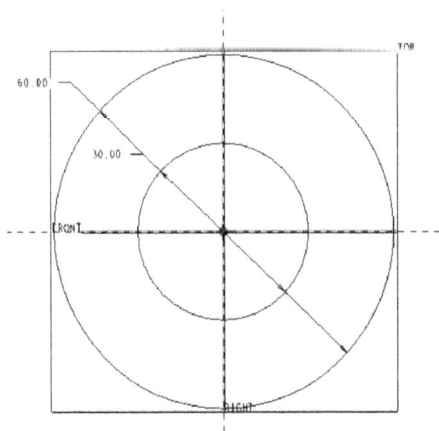

图 4-73　草绘截面

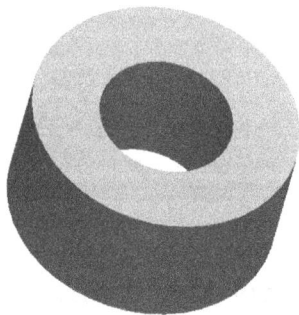

图 4-74　完成拉伸

☞**STEP 3**　运用拉伸命令生成连杆另一端

◆ 创建拉伸特征:单击界面右侧命令工具栏中的"拉伸"按钮□,弹出"拉伸"面板。

◆ 定义拉伸截面:单击"放置"|"定义"按钮,弹出"草绘"对话框,选取 TOP 平面为草绘平面。单击"草绘"按钮,进入草绘界面。

◆ 草绘拉伸截面:在草绘界面绘制拉伸截面,如图 4-75 所示。定义拉伸深度为"对称⊟",数值为 26,单击 ✔ 按钮,完成拉伸,如图 4-76 所示。

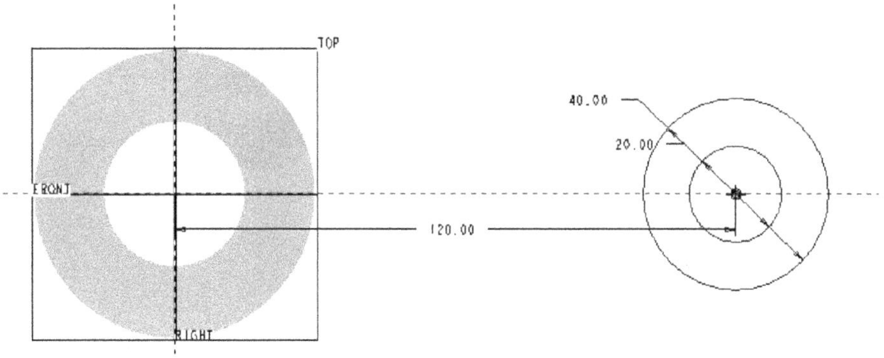

图 4-75　草绘截面

图 4-76　完成拉伸

☞**STEP 4**　运用拉伸命令生成连杆连接部分

◆ 创建拉伸特征:单击界面右侧命令工具栏中的"拉伸"按钮⬚,弹出"拉伸"面板。

◆ 定义拉伸截面:单击"放置"|"定义"按钮,弹出"草绘"对话框,选取 TOP 平面为草绘平面。单击"草绘"按钮,进入草绘界面。

◆ 草绘拉伸截面:在草绘界面绘制拉伸截面,如图 4-77 所示。定义拉伸深度为"对称⊟",数值为 20,单击 ✔ 按钮,完成拉伸,如图 4-78 所示。

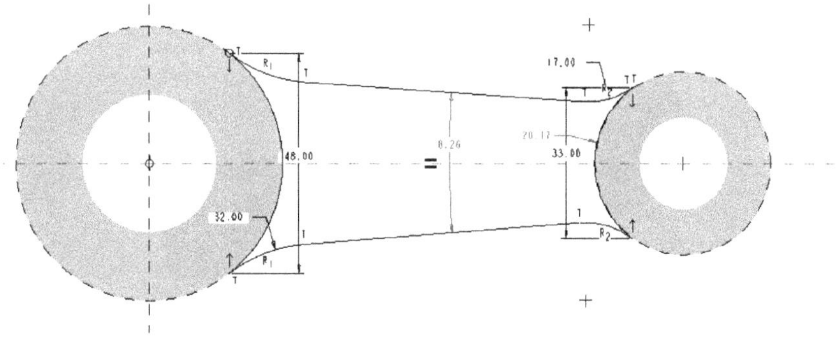

图 4-77　草绘截面

图4-78　完成拉伸

☞**STEP 5**　创建恒定倒圆角

◆ 单击 ⟍ 图标按钮,打开"圆角"特征面板。

◆ 选取一条棱边作为倒圆角参照,如图4-79所示。输入恒定倒圆角的半径值为2,单击 ✔ 图标按钮,完成恒定倒圆角特征的创建,如图4-80所示。

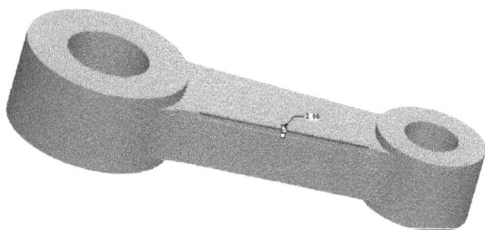

图4-79　倒圆角参照选取

图4-80　倒圆角的创建

☞**STEP 6**　创建其他恒定倒圆角

参照 STEP 5 完成另外三条棱边的倒圆角,如图4-81所示。

图4-81　棱边倒圆角的创建

☞**STEP 7**　创建恒定倒圆角

参照 STEP 5 完成另外四条边的倒圆角,圆角半径值为2,如图4-82所示。

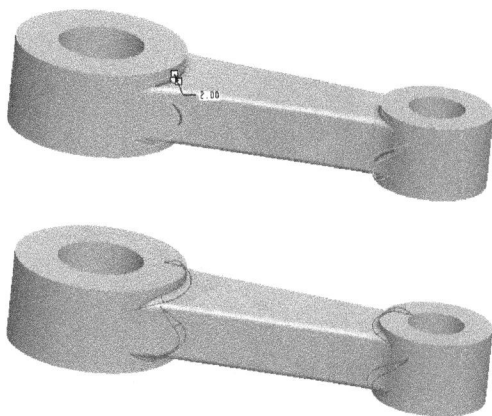

图4-82 倒圆角的创建

☞**STEP 8** 创建边倒角特征

◆ 单击 ◥图标按钮,打开"边倒角"特征面板。

◆ 选择如图4-83所示的边进行倒角,选择45×D类型,设定距离为1。

图4-83 边倒角的创建

☞**STEP 9** 保存文件

以上特征全部创建完成后,单击界面上方常用工具栏中的"保存"按钮▣,进行文件的保存。

拓展练习

1. 完成如图4-84所示的三维实体建模。

图 4-84　练习模型(一)

2. 完成如图 4-85 所示的三维实体建模。

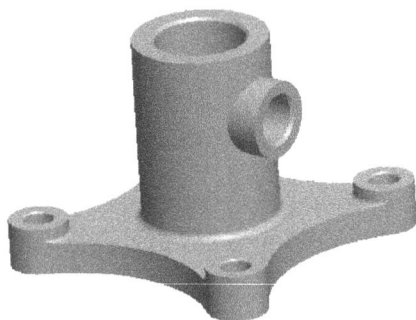

图 4-85　练习模型(二)

任务 4.4　孔 板 带 轮

任务目标

◎熟悉阵列特征的种类和操作方法
◎掌握阵列特征的三维建模应用

任务内容

运用所学命令完成如图 4-86 所示孔板带轮的三维实体建模。

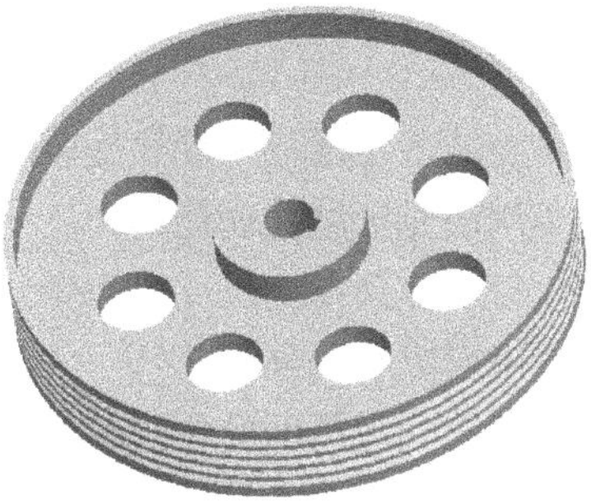

图 4-86　孔板带轮三维实体模型

任务分析

孔板带轮以回状体为主,带轮中有 8 个孔,可以通过阵列命令一次生成 8 个孔,带轮的 V 型槽也可以通过阵列命令完成。

相关知识

1. 阵列特征的创建

阵列特征是指按照一定的规律创建多个特征副本,具有重复性、规律性和高效率的特点。可以说,阵列特征是复制生成特征的快捷方式,主要包括尺寸阵列、方向阵列、轴阵列等多种类型。

调用命令的方式如下:

菜单:执行"编辑"|"阵列"命令。

图标:单击界面右侧命令工具栏中的▦图标按钮。

调用"阵列"命令后,系统弹出"阵列"操控面板,如图 4-87 所示。

图 4-87　"阵列"操控面板

单击操控面板左侧 尺寸 ▾的下拉列表,显示可用的阵列方式,如图 4-88 所示。

图 4-88　阵列方式

◆ 尺寸:通过创建原始特征的尺寸来控制阵列,尺寸阵列可以为单向阵列,也可以为双向阵列。

◆ 方向：通过指定某方向作为阵列增长的方向来创建自由形式阵列，方向阵列可以为单向阵列或双向阵列。

◆ 轴：通过指定围绕某轴线旋转的角增量来创建旋转阵列。

◆ 填充：通过选定栅格用实例填充区域来创建阵列。

◆ 表：通过使用阵列表并为每一阵列指定尺寸值来创建阵列。

◆ 参照：通过参照另一阵列来形成新的阵列。

◆ 曲线：通过指定沿着曲线的阵列成员间的距离或数目来控制阵列。

注意：不同的阵列方式其操控面板也有所不同。

2．尺寸阵列的创建

① 在模型中选择要进行阵列操作的特征，如图 4-89 所示。

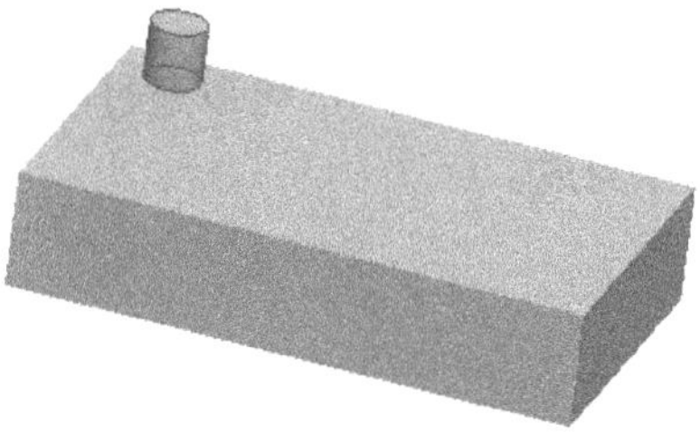

图 4-89　选取阵列特征

② 单击界面右侧命令工具栏中的"阵列"图标按钮▦，激活"阵列"操控面板，在操控面板左侧的下拉列表里选取"尺寸"，进入"尺寸"阵列操控面板，如图 4-90 所示。

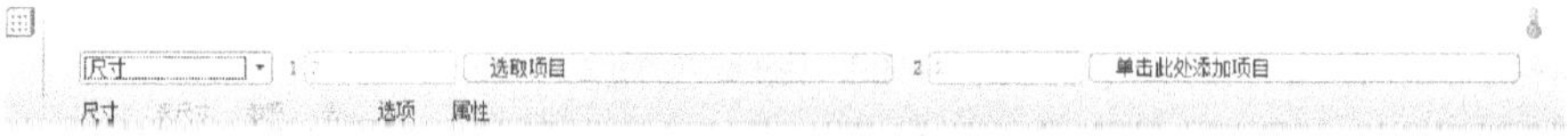

图 4-90　"尺寸"阵列操控面板

③ 单击阵列操控面板上"1"后面的收集器，并在模型中选择某一方向的尺寸，如选择水平方向的尺寸，使其变为可编辑状态，将其值修改为 20，按【Enter】键确认，在"1"后面的文本框中输入数值 4，如图 4-91 所示。

图 4-91　第一方向参数设置

④ 同理，单击"2"后面的收集器，并选择尺寸值 71.07，将其修改为 -20，按【Enter】键确认。在"2"后面的文本框中输入数值 3，将创建 3 行这样的特征，如图 4-92 所示。

图4-92　第二方向参数设置

⑤ 单击操控面板中的 ✔ 图标按钮,完成尺寸阵列的创建,如图4-93所示。

图4-93　尺寸阵列的创建

注意:若要使阵列中的某一元素不生成,可在阵列完成之前单击标识该阵列成员的黑点,此黑点变为白点,如图4-94a所示。此元素在生成阵列时就不存在,如图4-94b所示。

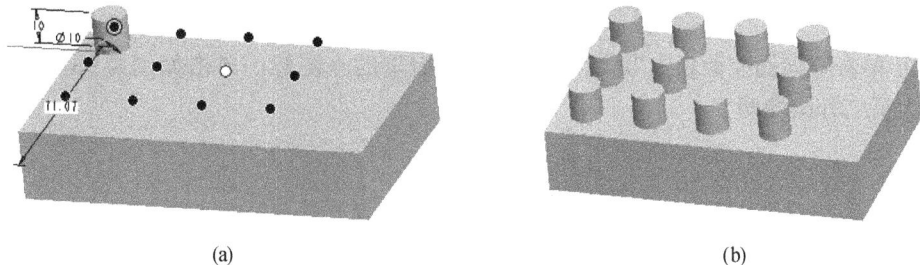

(a)　　　　　　　　　　　　　　　　　　(b)

图4-94　阵列元素跳过操作

3. 方向阵列的创建

① 在模型中选择要进行阵列操作的特征,如图4-89所示。

② 单击界面右侧命令工具栏中的"阵列"图标按钮▦,激活"阵列"操控面板,在操控面板左侧的下拉列表里选取"方向",进入"方向"阵列操控面板,如图4-95所示。

图4-95　"方向"阵列操控面板

③ 单击阵列操控面板上"1"后面的下拉列表里的 图标,此时可选取平面、平整面、直曲线、坐标系轴或轴来定义第一方向。单击如图4-96所示的平面作为方向参照。

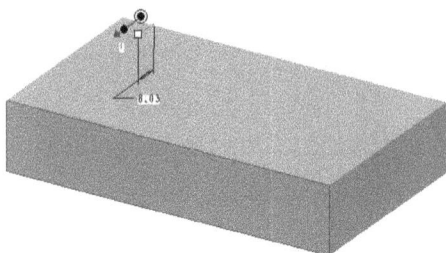

图 4-96　选取第一方向参照

④ 将"1"后面的数量设置为 3,距离设为 20,如图 4-97 所示。

图 4-97　第一方向参数设置

⑤ 单击阵列操控面板上"2"后面的下拉列表里的 ↔ 图标。单击如图 4-98 所示的直线作为第二方向参照。

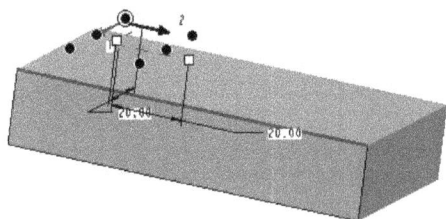

图 4-98　选取第二方向参照

⑥ 将"2"后面的数量设置为 5,距离设为 20,如图 4-99 所示。

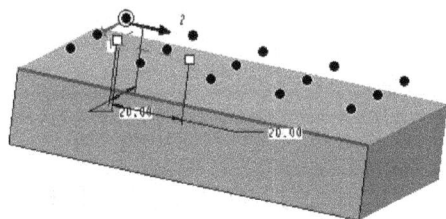

图 4-99　第二方向参数设置

⑦ 单击操控面板中的 ✔ 图标按钮,完成方向阵列的创建,如图 4-100 所示。

图 4-100　方向阵列的创建

4. 轴阵列的创建

① 在模型中选择要进行阵列操作的小孔特征,如图 4-101 所示。

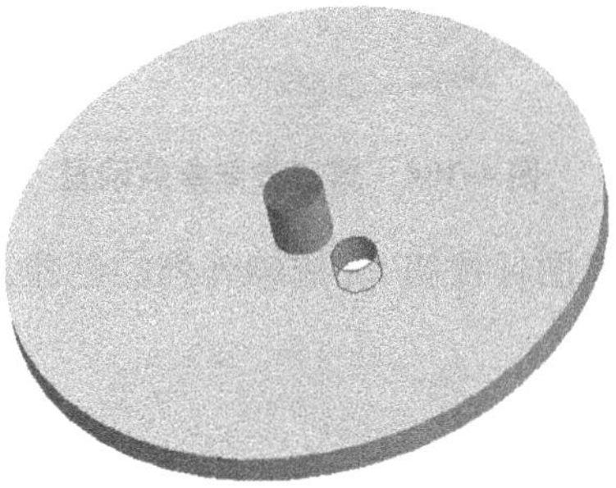

图 4-101　选取阵列特征

② 单击界面右侧命令工具栏中的"阵列"图标按钮▦,激活"阵列"操控面板,在操控面板左侧的下拉列表里选取"轴",进入"轴"阵列操控面板,如图 4-102 所示。

图 4-102　"轴"阵列操控面板

③ 在"轴"阵列操控面板上单击"1"后面的收集器,然后在模型中选择中心轴 A_2,并在该收集器后面的文本框中输入数值 6,在其后的文本框中输入阵列角度值 60,如图 4-103 所示。

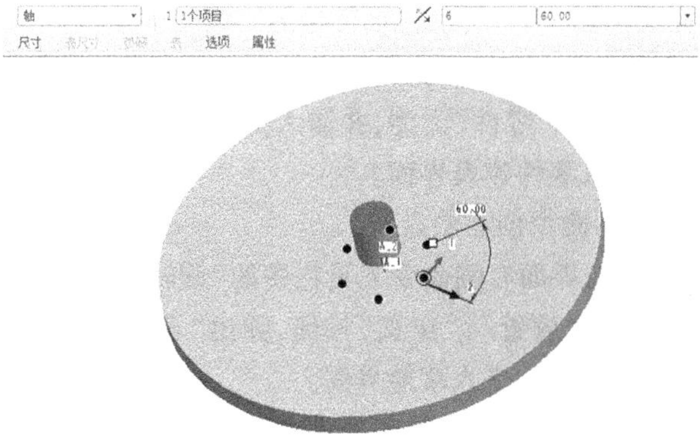

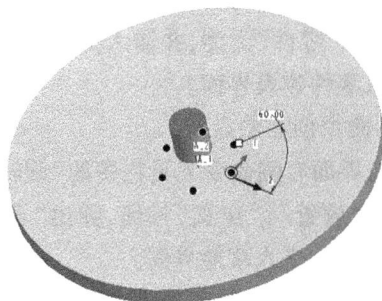

图 4-103　第一方向参数设置

④ 单击"轴"阵列操控面板中"2"后面的文本框,输入数值3,在其后的文本框中输入阵列尺寸25,此时模型如图4-104所示。

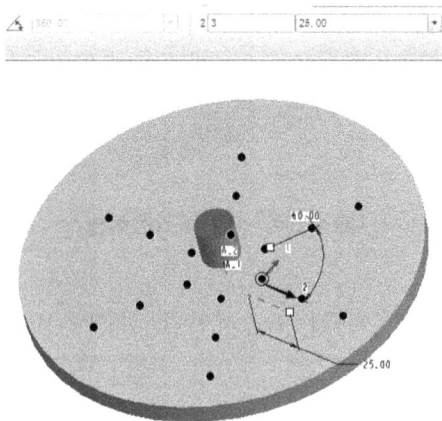

图4-104　第二方向参数设置

⑤ 单击操控面板中的 ✔ 图标按钮,完成轴阵列的创建,如图4-105所示。

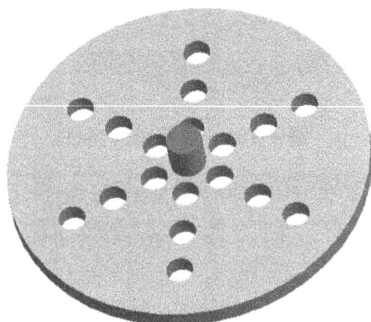

图4-105　轴阵列的创建

任务实施

运用所学命令完成如图4-86所示孔板带轮的三维实体建模。

☞**STEP 1**　新建"kongbandailun"文件

单击"新建"按钮 □ ,选择"零件"类型,并输入文件名称"kongbandailun",选择公制单位,单击"确定"按钮。进入零件建模界面。

☞**STEP 2**　运用旋转命令创建轮盘

◆ 创建旋转特征:单击界面右侧命令工具栏中的"旋转"按钮 ◌/◌ ,弹出"旋转"面板。

◆ 定义旋转截面:单击"放置"|"定义"按钮,弹出"草绘"对话框,选取 FRONT 平面为草绘平面。单击"草绘"按钮,进入草绘界面。

◆ 草绘旋转截面:在草绘界面绘制旋转截面,如图4-106所示。定义旋转模式为"⏚",角度值为360,单击 ✔ 按钮,完成旋转,如图4-107所示。

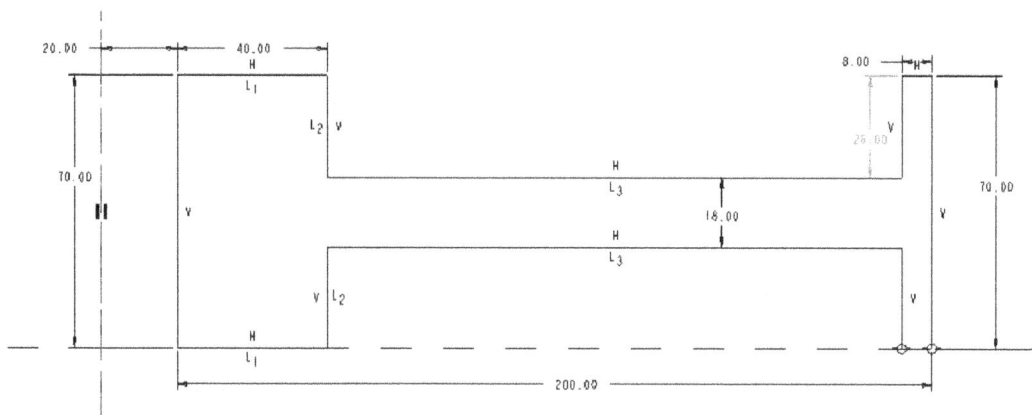

图 4-106 草绘截面

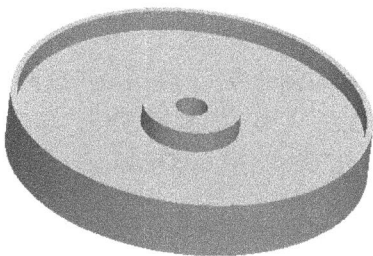

图 4-107 完成旋转

☞**STEP 3** 运用拉伸命令去除材料

◆ 创建拉伸特征:单击界面右侧命令工具栏中的"拉伸"按钮⬚,弹出"拉伸"面板。

◆ 定义拉伸截面:单击"放置"丨"定义"按钮,弹出"草绘"对话框,选取如图4-108所示平面为草绘平面。单击"草绘"按钮,进入草绘界面。

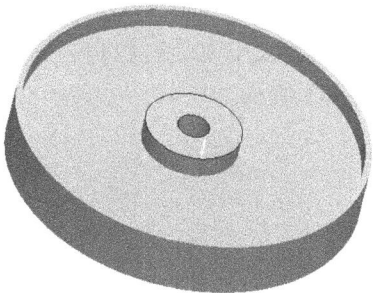

图 4-108 选取草绘平面

◆ 草绘拉伸截面:在草绘界面绘制拉伸截面,如图4-109所示。单击"移除材料"图标⬚,定义拉伸深度为"⬚",数值为大于70,注意材料去除方向,预览正确后,单击✔按钮,完成拉伸去除材料,如图4-110所示。

图 4-109　草绘截面

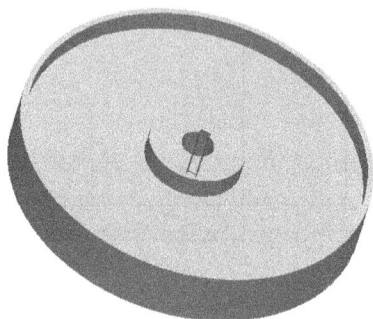

图 4-110　完成去除材料拉伸

☞**STEP 4**　运用拉伸去除材料命令生成孔

◆ 创建拉伸特征：单击界面右侧命令工具栏中的"拉伸"按钮，弹出"拉伸"面板。

◆ 定义拉伸截面：单击"放置"|"定义"按钮，弹出"草绘"对话框，选取如图 4-111 所示平面为草绘平面。单击"草绘"按钮，进入草绘界面。

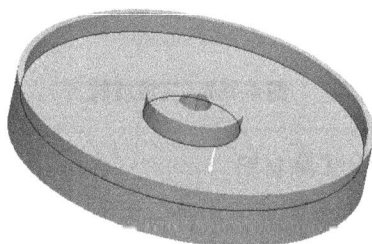

图 4-111　选取草绘平面

◆ 草绘拉伸截面：在草绘界面绘制拉伸截面，如图 4-112 所示。单击"移除材料"图标，定义拉伸深度为"⊥"，数值为大于 20，注意材料去除方向，预览正确后，单击 ✔ 按钮，完成拉伸去除材料，如图 4-113 所示。

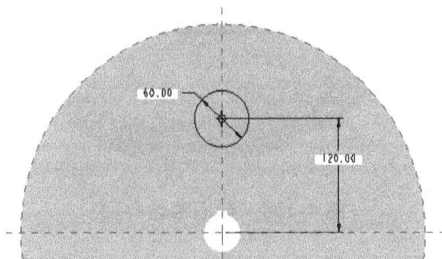

图 4-112　草绘截面

图 4-113 孔的创建

☞**STEP 5**　孔特征的阵列

◆ 在模型中选择要进行阵列操作的孔特征,如图 4-114 所示。

图 4-114　选取阵列特征

◆ 单击界面右侧命令工具栏中的"阵列"图标按钮▦,激活"阵列"操控面板,在操控面板左侧的下拉列表里选取"轴",进入"轴"阵列操控面板,如图 4-102 所示。

◆ 在"轴"阵列操控面板上单击"1"后面的收集器,然后在模型中选择中心轴 A_1,并在该收集器后面的文本框中输入数值 6,单击⚠图标,激活设置阵列的角度范围,在其后的文本框中输入阵列角度值 360,如图 4-115 所示。

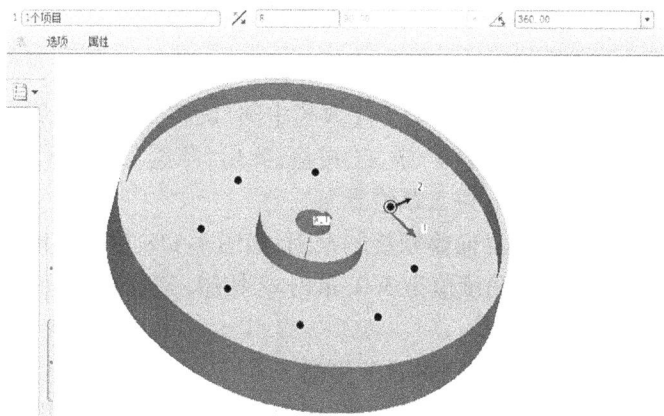

图 4-115　第一方向参数设置

◆ 单击"轴"阵列操控面板中"2"后面的文本框,输入数值1,此时模型如图4-116所示。

图4-116   第二方向参数设置

◆ 单击操控面板中的 ✔ 图标按钮,完成孔阵列的创建,如图4-117所示。

图4-117   孔阵列的创建

☞**STEP 6**   运用旋转命令创建V型槽

◆ 创建旋转特征:单击界面右侧命令工具栏中的"旋转"按钮 ，弹出"旋转"面板。

◆ 定义旋转截面:单击"放置"I"定义"按钮,弹出"草绘"对话框,选取FRONT平面为草绘平面。单击"草绘"按钮,进入草绘界面。

◆ 草绘旋转截面:在草绘界面绘制旋转截面,如图4-118所示。单击"移除材料"图标 ，定义旋转模式为"⊥"，角度值为360,单击 ✔ 按钮,完成旋转,如图4-119所示。

☞**STEP 7**   阵列V型槽

◆ 在模型中选择要进行阵列操作的V型槽。

◆ 单击界面右侧命令工具栏中的"阵列"图标按钮 ，激活"阵列"操控面板,在操控面板左侧的下拉列表里选取"尺寸",进入"尺寸"阵列操控面板。

图4-118 草绘V型槽截面

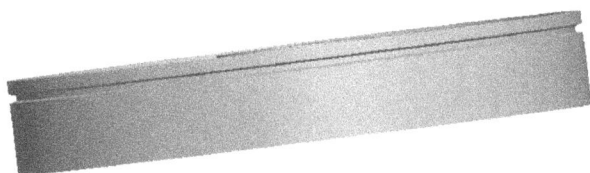

图4-119 V型槽的创建

◆ 在"尺寸"阵列操控面板上单击"1"后面的收集器,然后在模型中选择尺寸9.5,将其值修改为11,按【Enter】键确认,在"1"后面的文本框中输入数值5,如图4-120所示。

图4-120 第一方向参数设置

◆ 单击操控面板中的 ✔ 图标按钮,完成V型槽阵列的创建,如图4-121所示。

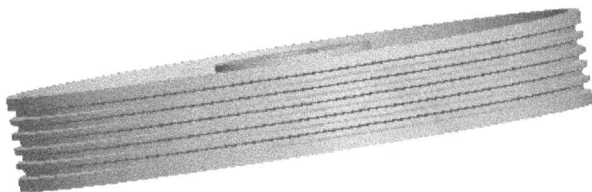

图4-121 V型槽阵列的创建

☞STEP 8 创建倒角特征

◆ 单击 ↘图标按钮,打开"边倒角"面板。

◆ 选择如图4-122所示的边进行倒角,选择45×D类型,设定距离为2。

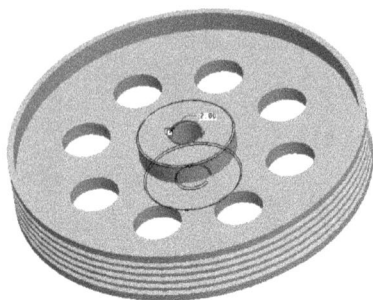

图 4-122　倒角的设置

◆ 单击操控面板中的 ✔ 图标按钮,完成倒角的创建,如图 4-123 所示。

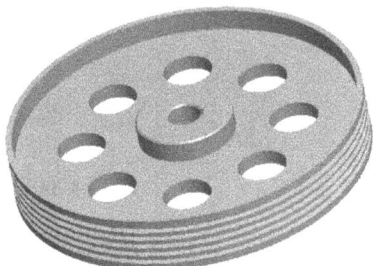

图 4-123　倒角的创建

☞**STEP 9**　保存文件

以上特征全部创建完成后,单击界面上方常用工具栏中的"保存"按钮□,进行文件的保存。

拓展练习

1. 完成如图 4-124 所示的三维实体建模。

图 4-124　练习模型(一)

2. 完成如图 4-125 所示的三维实体建模。

图 4-125　练习模型(二)

任务 4.5　　法 兰 盘

任务目标

◎熟练掌握筋特征的创建步骤和参数设置
◎熟练掌握孔特征的创建步骤和参数设置
◎掌握特征的成组操作

任务内容

运用所学命令完成如图 4-126 所示法兰盘的三维实体建模。

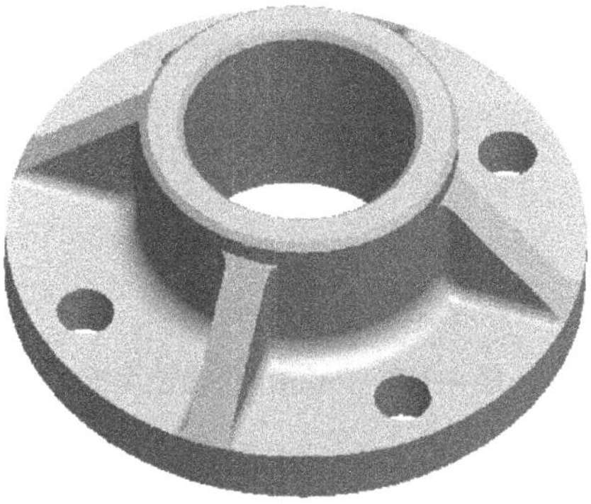

图 4-126　法兰盘三维实体模型

任务分析

法兰盘的创建需要运用旋转、倒角、倒圆角、筋、孔等命令,旋转、倒角和倒圆角在前面的任务里已经介绍过了,本任务主要介绍筋和孔的创建及特征的成组操作。

相关知识

1. 轮廓筋特征的创建

筋特征是设计中连接两个或多个实体的增料特征。筋通常用来加固设计中的零件,也常用来防止出现不需要的折弯。按相邻平面的不同,生成的筋分为直筋和旋转筋。直筋为连接到平面上的增料特征,旋转筋为连接到旋转曲面上的增料特征,如图 4-127所示。

(a) 直筋   (b) 旋转筋

图 4-127   筋的类型

注意:因为筋特征是依附于其他实体特征的,只有在模型中有其他实体特征的时候才能够激活筋特征的命令。在建模过程中不必指定筋的种类是直筋还是旋转筋,系统会根据其连接的实体是平面还是曲面自动设置筋的类型。

调用命令的方式如下:

菜单:执行"插入"|"筋"|"轮廓筋"命令。

图标:单击界面右侧命令工具栏中的 图标按钮。

① 调用"轮廓筋"命令,系统弹出"轮廓筋"操控面板,如图 4-128 所示。

图 4-128   "轮廓筋"操控面板

② 单击"参照"|"定义"按钮,选取草绘平面和参照平面,进入草绘,绘制筋的草绘图形,如图 4-129 所示。

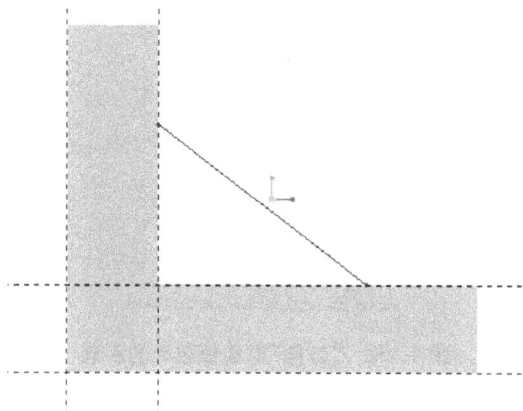

图 4-129　草绘筋

③ 草绘完成后,单击 ✔ 按钮,回到"轮廓筋"操控面板,设置筋的相关参数,输入筋板厚度为 20,如图 4-130 所示。

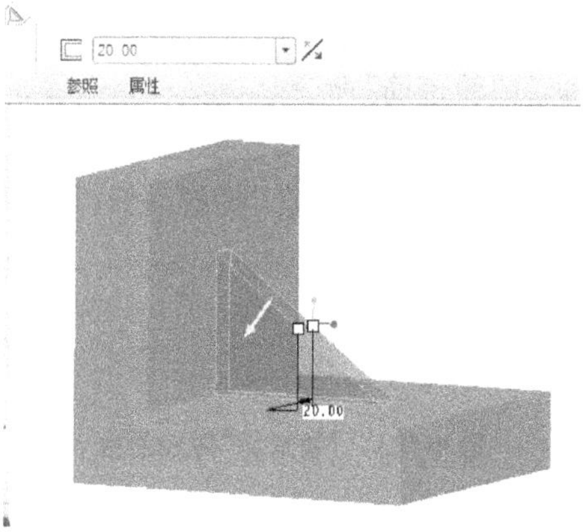

图 4-130　筋的参数设置

注意:① 单击图示箭头可改变填充方向,填充方向会影响筋的创建,如图 4-131 所示。

② 单击操控面板的"方向"按钮 ⚎,可改变筋板的加厚方向,如图 4-132 所示。

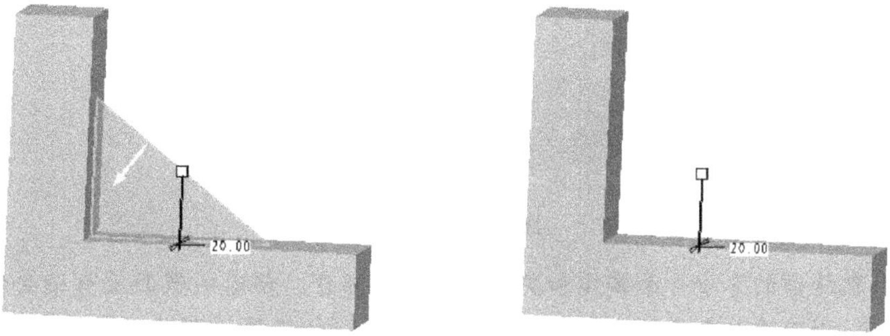

图 4-131　填充方向对筋的影响

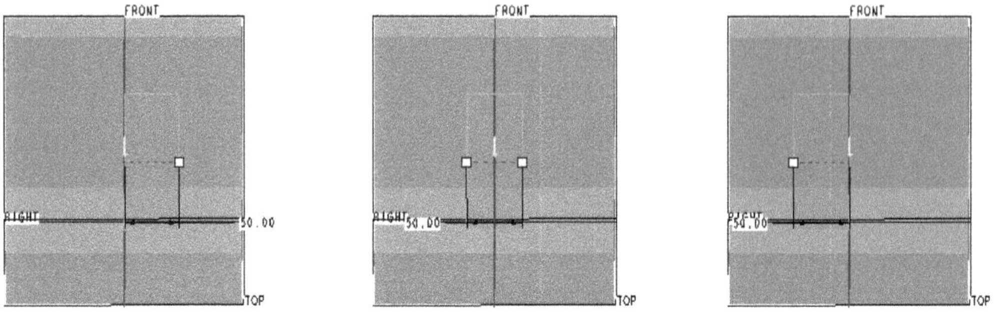

图 4-132　"方向"对筋板创建的影响

④ 参数设置完成后,单击 ✔ 按钮,完成轮廓筋的创建。

2. 轨迹筋特征的创建

在 Pro/E 5.0 版本中,引入了一个新的实用工具——轨迹筋,这是一个专门用来处理在模型内部添加各种类型的加强筋的专用工具。运用轨迹筋工具可以方便地在模型内部创建各种加强筋并大为提高设计效率。

调用命令的方式如下:

菜单:执行"插入"|"筋"|"轨迹筋"命令。

图标:单击界面右侧命令工具栏中的 图标按钮。

① 调用"轨迹筋"命令,系统弹出"轨迹筋"操控面板,如图 4-133 所示。

图 4-133　"轨迹筋"操控面板

② 单击"放置"|"定义"按钮,指定草绘平面进入草绘,绘制筋的草绘图形,如图 4-134 所示。

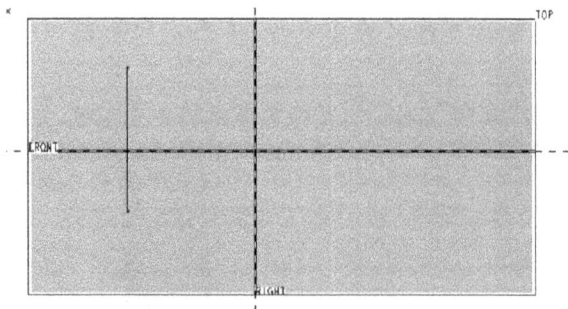

图 4-134　草绘筋

注意:轨迹筋的草绘平面必须和实体有相交的部分。创建的截面没有必要使用边界来作为参考,因为系统会自动延伸草绘截面几何直到和边界的实体几何进行融合,如图 4-135 所示。

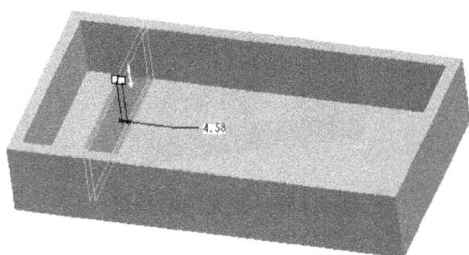

图 4-135　草绘自动延伸筋

③ 草绘完成后,单击 ✔ 按钮,回到"轨迹筋"操控面板,设置筋的相关参数,输入筋板厚度为 10。

注意:在创建轨迹筋的同时分别单击"轨迹筋"操控面板上的 ⬠,人,∩,可以赋予筋带有斜度、底部圆角和顶部圆角三个不同的工程特性,这样真正实现了加强筋一步到位,如图 4-136 所示。

(a) 斜度

(b) 底部圆角

(c) 顶部圆角

图 4-136　带有不同工程特性的筋

④ 参数设置完成后,单击 ✔ 按钮,完成轨迹筋的创建,如图 4-137 所示。

图 4-137　轨迹筋的创建

注意:在轨迹筋的功能中,可以在草绘中一次性创建多个开放截面,这样就可以一次性创建多条筋,如图 4-138 所示。

甚至可以是多个相互交叉的开放截面,如图 4-139 所示。

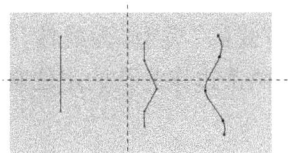

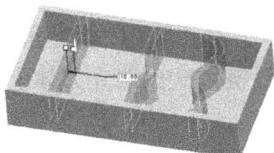

图 4-138　一次创建多条筋

图 4-139　交叉筋的创建

3. 简单孔特征的创建

调用命令的方式如下：

菜单：执行"插入"|"孔"命令。

图标：单击界面右侧命令工具栏中的 Y 图标按钮。

① 打开"孔"特征操控面板，如图 4-140 所示。

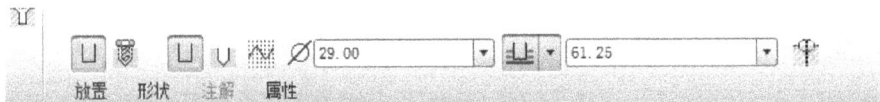

图 4-140　"孔"特征操控面板

② 在该操控面板中，单击"创建简单孔"图标按钮 ⨆。

注意：孔分为简单孔和标准孔两种，分别通过"孔"特征操控面板左侧的"创建简单孔"按钮 ⨆ 和"创建标准孔"按钮 ⬚ 进行创建。系统默认"创建简单孔"按钮 ⨆ 呈激活状态，所以不必更改设置。

③ 定义放置参照：单击"放置"选项卡，弹出如图 4-141 所示的"放置"上滑面板，在该上滑面板中激活"放置参照"收集器，选择立方体的上表面作为孔的放置平面，模型显示如图 4-142 所示。在绘图窗口中可以预览孔的位置，单击 反向 按钮可以改变钻孔方向。

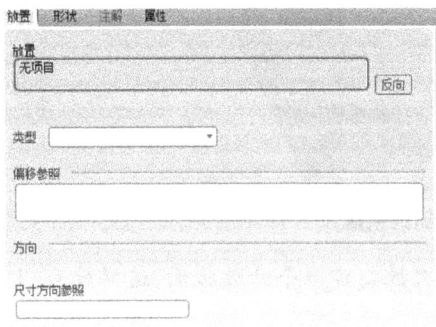

图 4-141　"放置"上滑面板

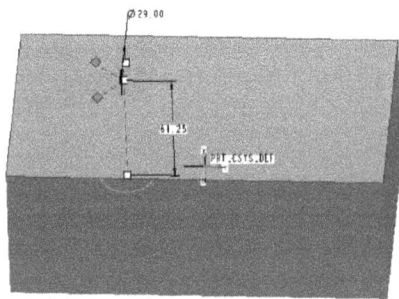

图 4-142　孔放置平面选择

④ 定义偏移参照：在"放置"上滑面板中，设置孔的定位方式的"类型"为线性，并激活"偏移参照"收集器，按住【Ctrl】键依次选取立方体上表面的两条边作为孔的定位基准，如图 4-143 所示。

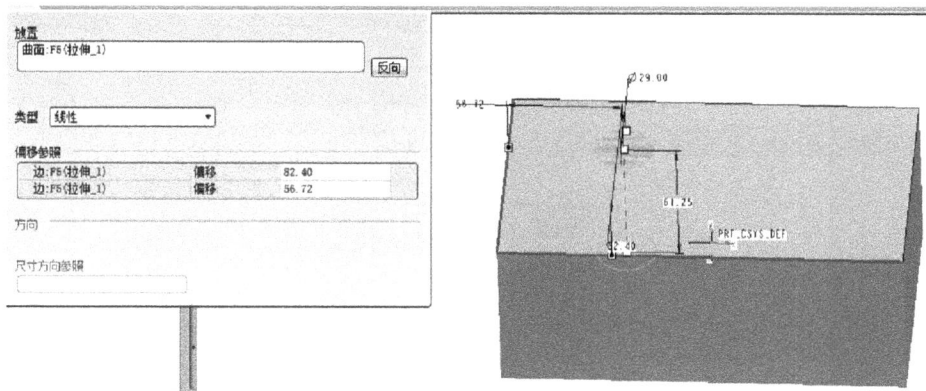

图4-143 选取偏移参照

注意:利用偏移参照可以约束孔相对于选取的边、基准平面、轴、点或曲面的位置。通过"放置"上滑面板中的"类型"下拉列表可以设置孔的定位方式,如图4-144所示。

◆ 线性:利用两个线性尺寸放置孔的位置。

◆ 径向:利用一个线性尺寸和一个角度尺寸放置孔的位置。

◆ 直径:通过绕直径参照旋转孔来放置孔的位置。

图4-144 孔的定位方式

⑤ 选择钻孔轮廓的定义方式:在简单孔的创建过程中,可以通过"孔"特征操控面板中的凵,∪,▨三个按钮选择不同的钻孔轮廓定义方式。

◆ 凵:使用预定义矩形作为钻孔轮廓。

◆ ∪:使用标准孔轮廓作为钻孔轮廓。

◆ ▨:使用草绘定义钻孔轮廓。

注意:系统默认凵按钮呈激活状态,这里保持系统默认不变。

⑥ 定义孔的尺寸:在"孔"特征操控面板中定义孔的尺寸,如图4-145所示。

图4-145 定义孔的尺寸

注意:当只需要定义孔第一侧的尺寸时,直接在"孔"特征操控面板中设置。当需要设置孔第二侧的尺寸时,单击操控面板上的"形状"选项卡,弹出"形状"上滑面板,如图4-146所示。

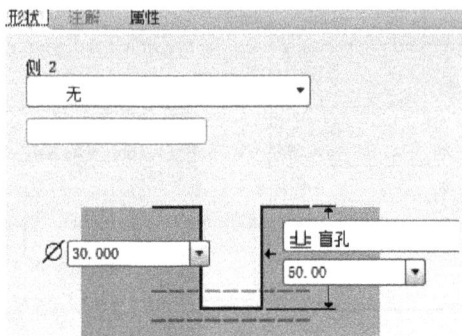

图 4-146　"形状"上滑面板

默认状态下,第二侧的深度类型为"无"。可以单击⊡按钮,打开下拉列表,选取深度类型,如图 4-147 所示。

图 4-147　深度类型选择

◆ ⊥盲孔:从放置参照指定深度值钻孔。
◆ ⊨到下一个:钻孔至下一曲面。
◆ ⊪穿透:钻孔至与所有曲面相交。
◆ ⊡对称:以指定深度的一半,在放置参照的每一侧钻孔。
◆ ⊥穿至:钻孔至与选定的曲面相交。
◆ ⊥到选定的:钻孔至选定的点、曲线、平面或曲面。

⑦ 单击操控面板中的 ✔ 图标按钮,完成简单孔的创建,如图 4-148 所示。

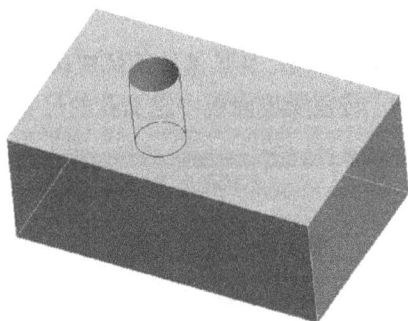

图 4-148　简单孔的创建

4. 标准孔特征的创建

① 打开"孔"特征操控面板,单击"创建标准孔"图标按钮🛡,弹出"标准孔"操控面板,如图 4-149 所示。

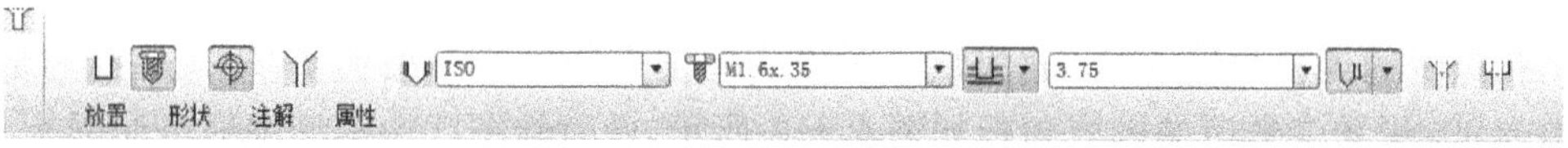

图 4-149　"标准孔"特征操控面板

② 默认状态下⊕按钮呈激活状态,它的作用是添加攻丝,这里保持系统默认不变。〉〈按钮用于创建螺纹锥孔,该按钮在⊕按钮处于激活时可用。激活〉〈按钮,孔的形状显示如图 4-150 所示。这里不激活〉〈按钮。

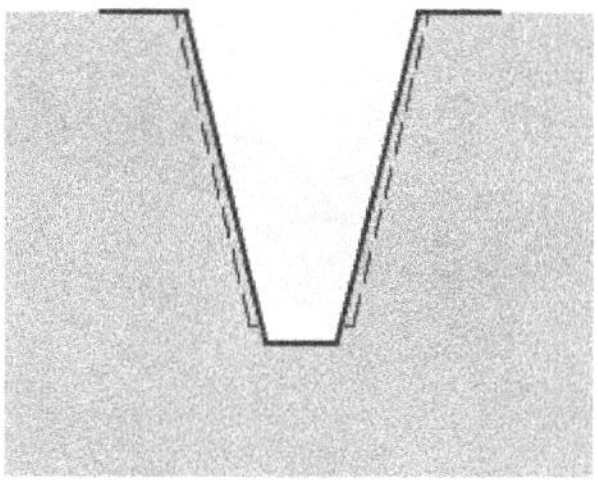

图 4-150　螺纹锥孔显示

③ 定义放置参照:单击"放置"选项卡,弹出"放置"上滑面板,在该上滑面板中激活"放置参照"收集器,选择立方体的上表面作为孔的放置平面,模型显示如图 4-151 所示。

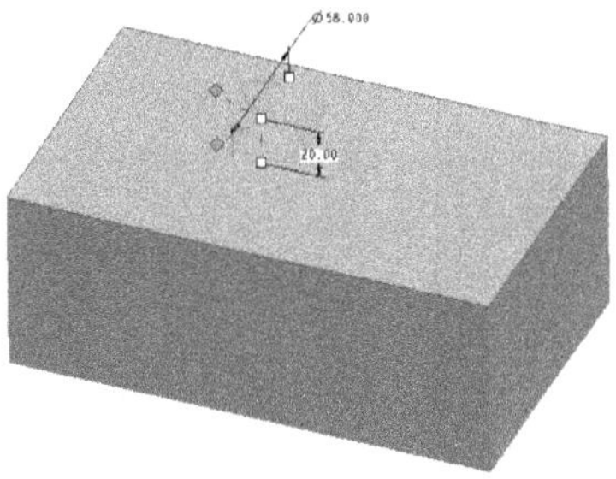

图 4-151　孔放置平面选择

④ 定义偏移参照:在"放置"上滑面板中,设置孔的定位方式的"类型"为线性,并激活"偏移参照"收集器,按住【Ctrl】键依次选取立方体上表面的两条边作为孔的定位基准,如图 4-152 所示。

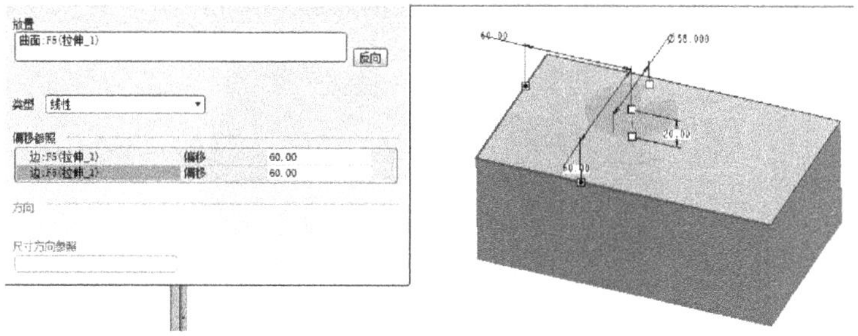

图 4-152　选取偏移参照

⑤ 设置孔参数:指定标准孔的螺纹类型为"ISO",输入螺钉的尺寸为"M64×6",指定钻孔深度的类型为"盲孔"(此为默认设置),单击选择 图标按钮,并输入钻孔肩部深度值为30,设置参数后的操控面板如图4-153所示,此时绘图区中模型的显示如图4-154所示。

图4-153   孔参数设置

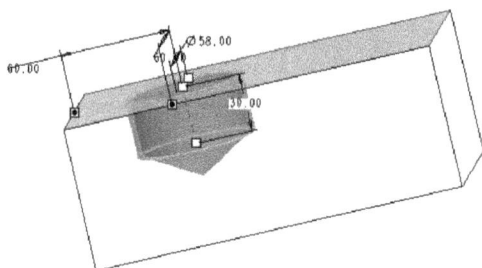

图4-154   模型显示

⑥ 定义螺纹深度:单击"形状"选项卡,弹出"形状"上滑面板,依次输入螺纹的深度值为20,钻孔顶角的角度值为120,如图4-155所示。

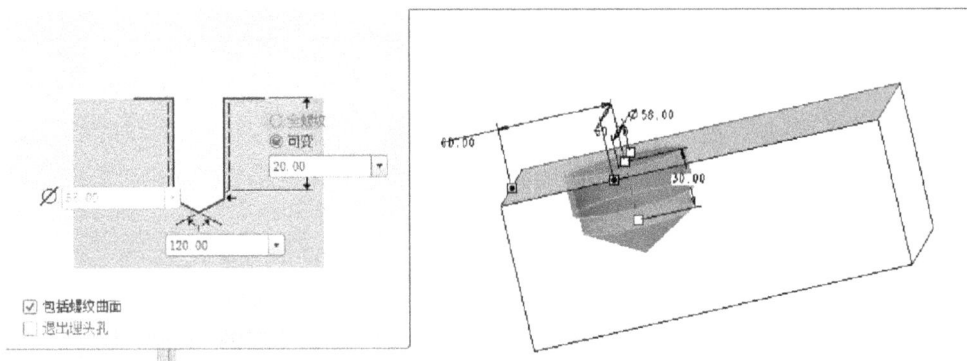

图4-155   螺纹深度设置

⑦ 单击操控面板中的 图标按钮,完成标准孔的创建,如图4-156所示。

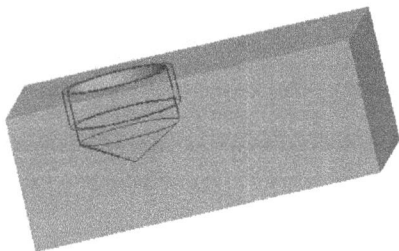

图4-156   标准孔的创建

5．简单孔特征的创建

① 打开"孔"特征操控面板。

② 在该操控面板中，单击"创建简单孔"图标按钮⌴。

③ 定义放置参照：单击"放置"选项卡，弹出"放置"上滑面板，在该上滑面板中激活"放置参照"收集器，选择立方体的上表面作为孔的放置平面。

④ 定义偏移参照：在"放置"上滑面板中，设置孔的定位方式的"类型"为线性，并激活"偏移参照"收集器，按住【Ctrl】键依次选取立方体上表面的两条边作为孔的定位基准。

⑤ 选择钻孔轮廓的定义方式：在"孔"特征操控面板中，单击▓图标按钮，选取"草绘"定义孔轮廓，如图4-157所示，再单击▓图标按钮，系统进入草绘模式。

图4-157　进入草绘孔模式

⑥ 草绘二维特征截面并修改尺寸值，如图4-158所示，待重生成草绘截面后，单击✔图标按钮，回到零件模式。

图4-158　草绘孔截面

⑦ 单击操控面板中的✔图标按钮，完成简单孔的创建，如图4-159所示。

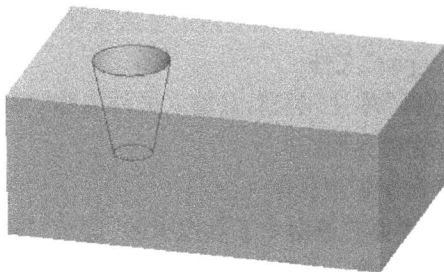

图4-159　简单孔的创建

6. 特征的成组操作

在建模过程中,若需要对几个特征进行相同的操作,可以先将这几个特征成组,再对组进行操作。

① 选取需要成组的特征:可在模型树窗口中选取,选取多个特征时要按住【Ctrl】键,如图4-160所示。

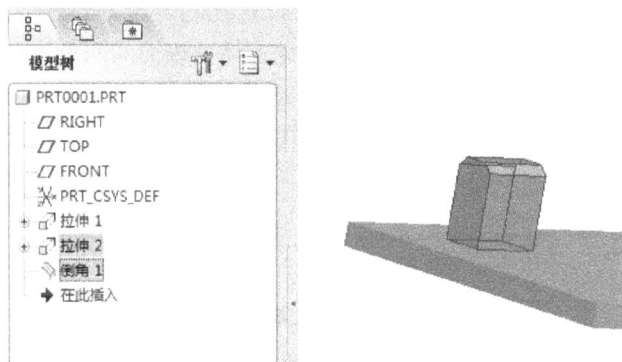

图4-160　选取成组特征

② 创建组:选取好成组特征后,单击鼠标右键,在弹出的快捷菜单中选取"组"选项,完成组的创建,如图4-161所示。组创建好以后就可以对组特征进行操作了。

图4-161　创建组

任务实施

运用所学命令完成如图4-126所示法兰盘的三维实体建模。

☞**STEP 1**　新建"falanpan"文件

单击"新建"按钮□,选择"零件"类型,并输入文件名称"falanpan",选择公制单位,单击"确定"按钮。进入零件建模界面。

☞**STEP 2**　运用旋转命令创建实体

◆ 创建旋转特征:单击界面右侧命令工具栏中的"旋转"按钮 ,弹出"旋转"面板。

◆ 定义旋转截面:单击"放置"|"定义"按钮,弹出"草绘"对话框,选取FRONT平面为草绘平面。单击"草绘"按钮,进入草绘界面。

◆ 草绘旋转截面:在草绘界面绘制旋转截面,如图 4-162 所示。定义旋转模式为
"⬛⬜",角度为 360,单击 ✔ 按钮,完成旋转,如图 4-163 所示。

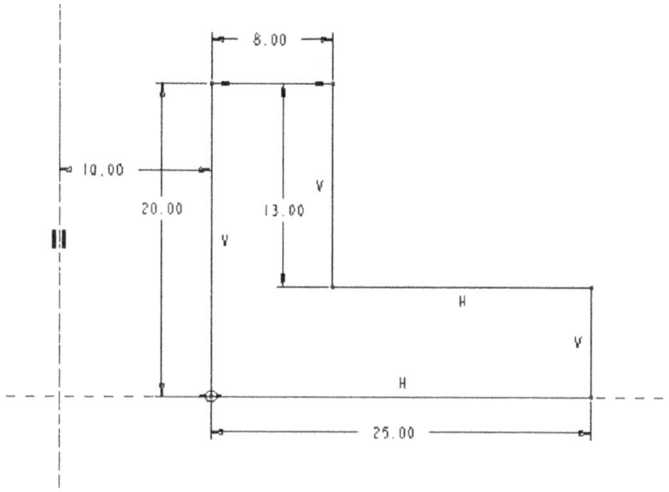

图 4-162 草绘旋转截面

图 4-163 完成旋转特征

☞**STEP 3**   创建倒角

◆ 单击 ⬍ 图标按钮,打开"边倒角"面板。

◆ 选择如图 4-164 所示的边进行倒角,选择 45×D 类型,设定距离为 1。

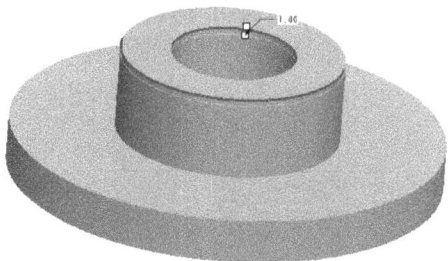

图 4-164 倒角的设置

◆ 单击操控面板中的 ✔ 图标按钮,完成倒角的创建,如图 4-165 所示。

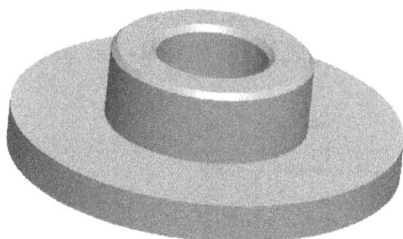

图 4-165　倒角的创建

☞**STEP 4**　创建倒圆角

◆ 单击 ⬎图标按钮,打开"倒圆角"面板。

◆ 选择如图 4-166 所示的边进行倒圆角,设定数值为 3。

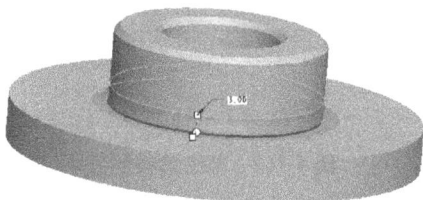

图 4-166　倒圆角的设置

◆ 单击操控面板中的 ✔图标按钮,完成倒圆角的创建,如图 4-167 所示。

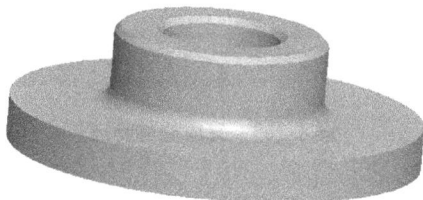

图 4-167　倒圆角的创建

☞**STEP 5**　筋特征创建

◆ 调用"轮廓筋"命令,系统弹出"轮廓筋"操控面板。

◆ 单击"参照"|"定义"按钮,选取 FRONT 平面为草绘平面,进入草绘,绘制筋的草绘图形,如图 4-168 所示。

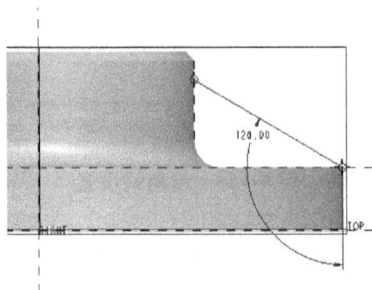

图 4-168　草绘筋图形

◆ 草绘完成后,单击 ✔ 按钮,回到"轮廓筋"操控面板,注意填充方向对筋的影响,设置筋的相关参数,输入筋板厚度为 5,单击操控面板的"方向"按钮 ⁄,设置筋板的加厚方向为中间,如图 4-169 所示。

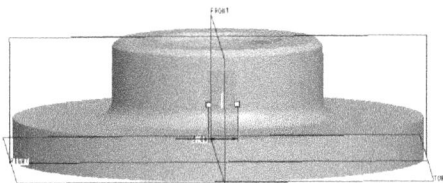

图 4-169   筋板参数设置

◆ 参数设置完成后,单击 ✔ 按钮,完成筋的创建,如图 4-170 所示。

图 4-170   筋的创建

☞**STEP 6**   创建倒圆角

◆ 单击 ◝ 图标按钮,打开"倒圆角"面板。

◆ 选择如图 4-171 所示的边即筋板两侧拐角边处进行倒圆角,设定数值为 1。

图 4-171   倒圆角的设置

◆ 单击操控面板中的 ✔ 图标按钮,完成倒圆角的创建,如图 4-172 所示。

图 4-172   倒圆角的创建

☞**STEP 7**   创建组特征

◆ 按住【Ctrl】键在模型树窗口中选取轮廓筋 1 和倒圆角 2 特征,如图 4-173 所示。

◆ 在模型树窗口中单击鼠标右键,在弹出的快捷菜单中选取"组"选项,完成组的创建,如图 4-174 所示。

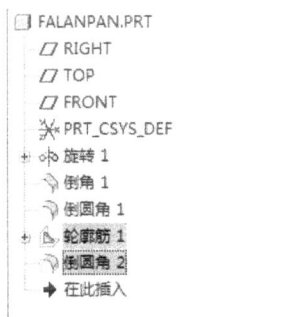

图 4-173　选取成组特征

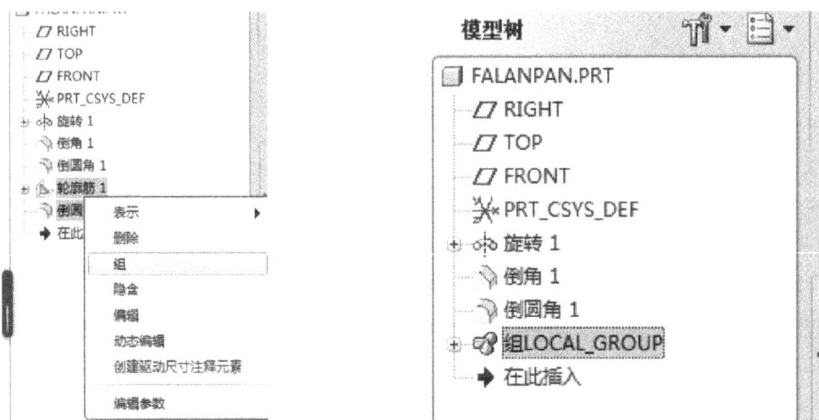

图 4-174　组的创建

☞**STEP 8**　对创建组进行阵列

◆ 在模型树窗口中选取组特征,如图 4-175 所示。

图 4-175　选取组特征

◆ 单击界面右侧命令工具栏中的"阵列"图标按钮▦,激活"阵列"操控面板,在操控面板左侧的下拉列表里选取"轴",进入"轴"阵列操控面板。单击"1"后面的收集器,在模型中选择中心轴 A_1,并在该收集器后面的文本框中输入数值 4,单击△图标按钮,激活设置阵列的角度范围,在其后的文本框中输入阵列角度值 360,如图 4-176 所示。

图 4-176 阵列组参数设置

◆ 单击操控面板中的 ✔图标按钮,完成组阵列的创建,如图 4-177 所示。

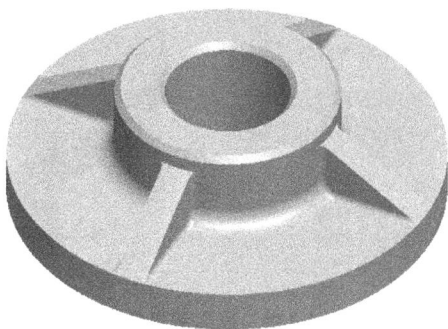

图 4-177 组阵列的创建

☞**STEP 9** 创建简单孔

◆ 打开"孔"特征操控面板,单击"创建简单孔"图标按钮⌣,如图 4-178 所示。

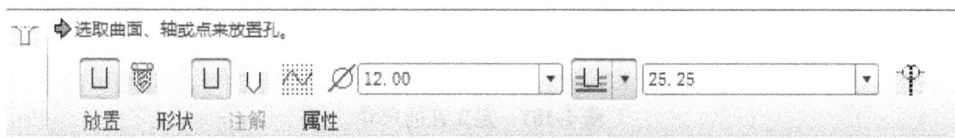

图 4-178 "简单孔"特征操控面板

◆ 单击"放置"选项卡,弹出"放置"上滑面板,选择如图 4-179 所示的表面作为孔的放置平面。

图 4-179　孔放置平面选取

◆ 在"放置"上滑面板中,设置孔的定位方式的"类型"为径向,并激活"偏移参照"收集器,按住【Ctrl】键依次选取 RIGHT 平面和 A_1 轴作为孔的定位基准,并设置相应参数,如图 4-180 所示。

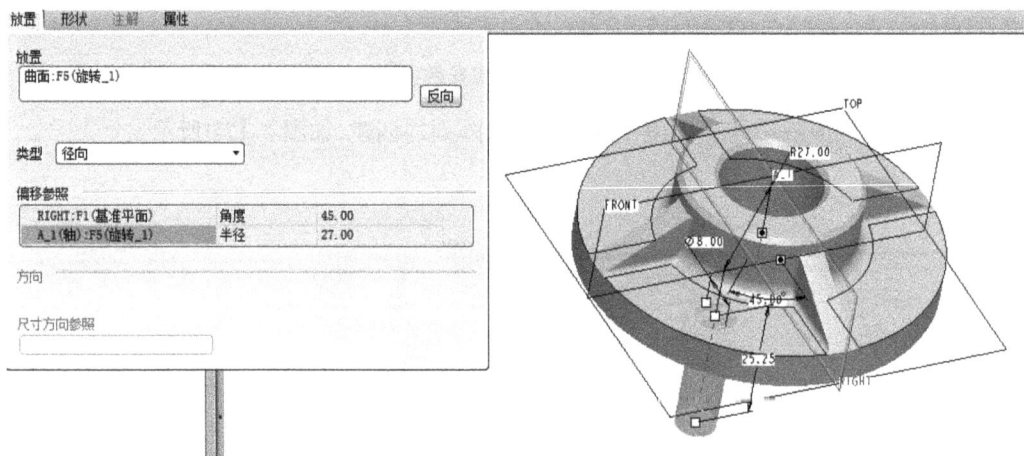

图 4-180　选取偏移参照

◆ 选择钻孔轮廓的定义方式为"凵",使用预定义矩形作为钻孔轮廓。系统默认凵按钮呈激活状态,这里保持系统默认不变。

◆ 在"孔"特征操控面板中定义孔的直径为 8,深度类型为"盲孔凵",深度值大于 8,如图 4-181 所示。

图 4-181　定义孔的尺寸

◆ 单击操控面板中的 ✔ 图标按钮,完成简单孔的创建,如图 4-182 所示。

图 4-182 简单孔的创建

☞**STEP 10**   对孔进行阵列

◆ 选取孔特征,如图 4-183 所示。

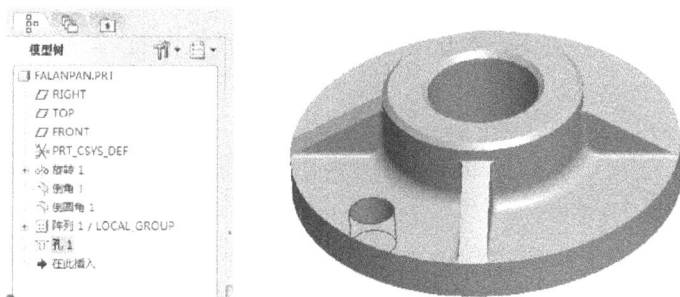

图 4-183 选取孔特征

◆ 单击界面右侧命令工具栏中的"阵列"图标按钮▦,激活"阵列"操控面板,在操控面板左侧的下拉列表里选取"轴",进入"轴"阵列操控面板。单击"1"后面的收集器,在模型中选择中心轴 A_1,并在该收集器后面的文本框中输入数值 4,单击▲图标,激活设置阵列的角度范围,在其后的文本框中输入阵列角度值 360,如图 4-184 所示。

图 4-184 阵列孔参数设置

◆ 单击操控面板中的 ✔ 图标按钮,完成孔阵列的创建,如图 4-185 所示。

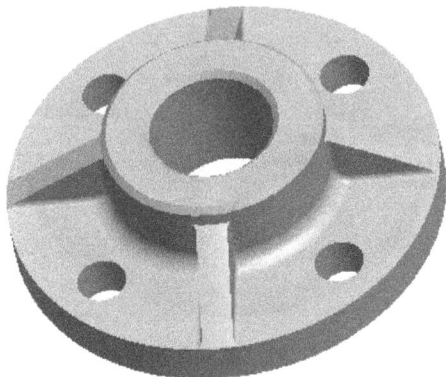

图 4-185　孔阵列的创建

☞**STEP 11**　保存文件

以上特征全部创建完成后,单击界面上方常用工具栏中的"保存"按钮🖫,进行文件的保存。

拓展练习

1. 完成如图 4-186 所示的手压阀球头三维实体建模。

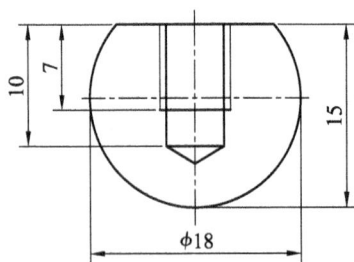

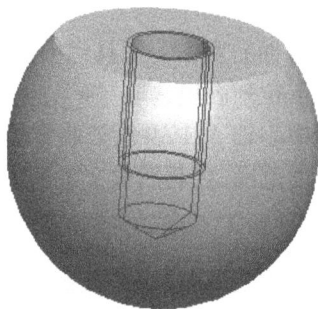

图 4-186　手压阀球头

2. 完成如图 4-187 所示的三维实体建模,其中圆角半径都为 3,倒角如图 4-188 所示。

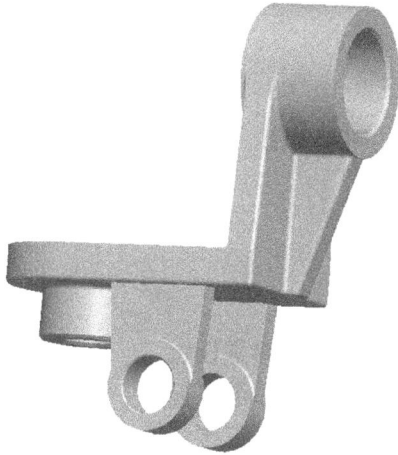

图 4-187　练习模型

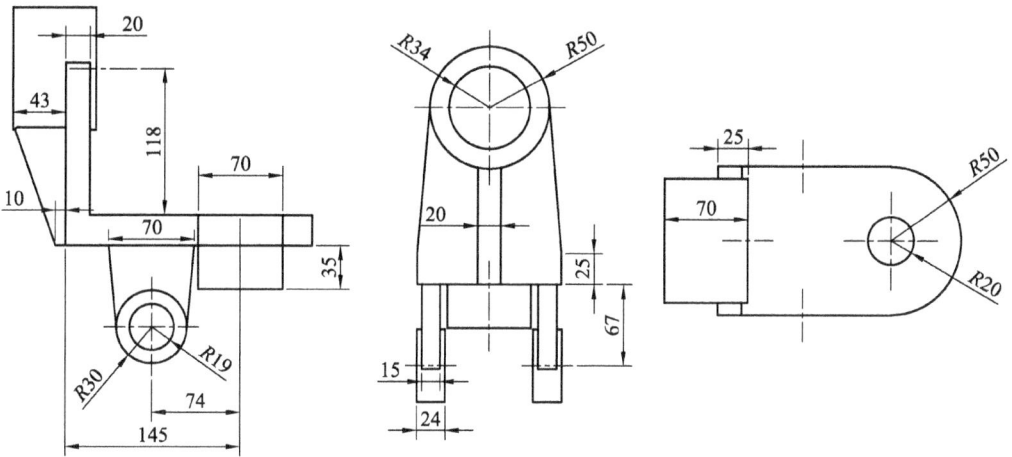

图 4-188　倒角图示

任务 4.6　汽 车 缸 垫

任务目标

◎熟练掌握抽壳特征的创建步骤和参数设置

◎熟练掌握拔模特征的创建步骤和参数设置

◎能够熟练运用抽壳和拔模特征进行三维实体建模

任务内容

运用抽壳和拔模命令完成汽车缸垫的三维实体建模,如图 4-189 所示。

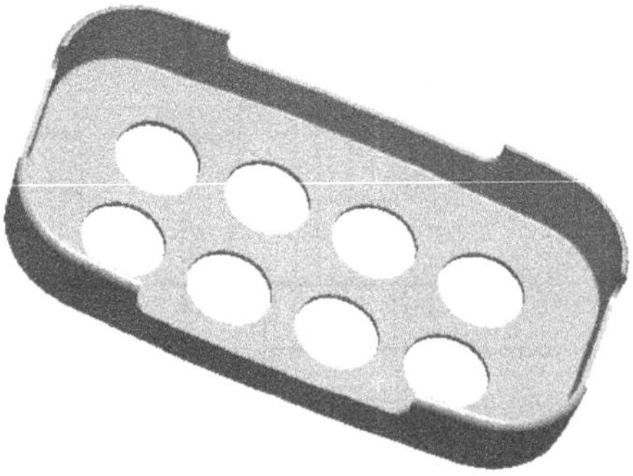

图 4-189　汽车缸垫三维实体模型

任务分析

汽车缸垫是一个壳状的部件,需要运用抽壳命令生成外壳,运用拔模命令创建侧面斜度。

相关知识

1. 抽壳特征的创建

在建立箱体等空心实体时,常常需要将实体内部挖空,而仅仅保留特定厚度的壳,运用抽壳特征可以完成上述操作。

抽壳命令的调用方式如下:

菜单:执行"插入"|"壳"命令。

图标:单击界面右侧命令工具栏中的▢图标按钮。

① 调用"抽壳"命令,系统弹出"抽壳"操控面板,如图 4-190 所示。

图 4-190 "抽壳"操控面板

② 在"抽壳"操控面板上可以定义壳的厚度值及方向,如图 4-190 所示壳的厚度值设置为 6,模型显示如图 4-191 所示。单击面板上的 ⅍ 按钮,可以改变抽壳特征的厚度方向,如图 4-192 所示。

图 4-191 模型抽壳预览

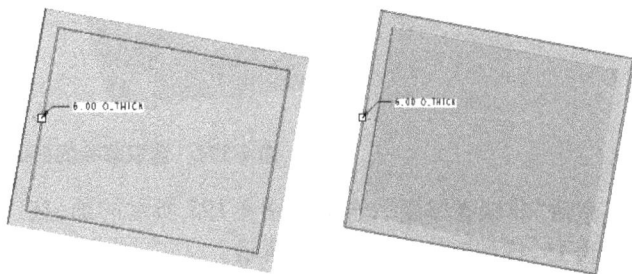

图 4-192 抽壳厚度方向改变

③ "参照"上滑面板:单击"抽壳"操控面板上的"参照"选项卡,弹出"参照"上滑面板,如图 4-193 所示。

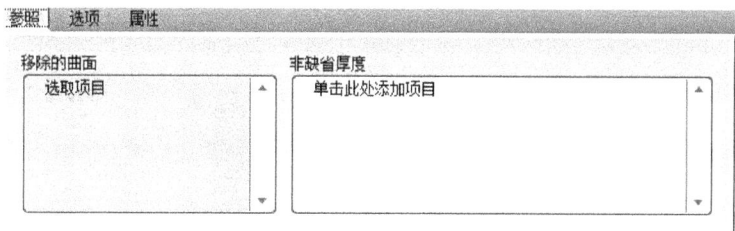

图 4-193 "参照"上滑面板

"参照"上滑面板包含以下两个选项:

◆ 移除的曲面:用来选取要移除的曲面,如果未选取任何曲面,则系统会创建一个封闭壳,将零件的整个内部掏空,且空心部分没有入口。

◆ 非缺省厚度:用于选取要在其中指定不同厚度的曲面,可为包括在此收集器中的每一个曲面指定单独的厚度值。

在绘图窗口中单击如图 4-194 所示的面,观察"参照"上滑面板显示。

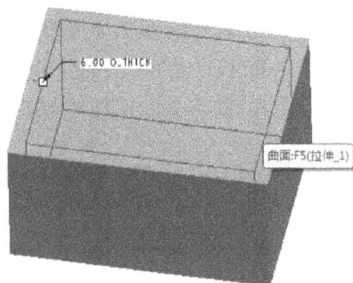

图 4-194   选取移除的曲面

激活"非缺省厚度",选取如图 4-195 所示的面,在"非缺省厚度"收集器中将厚度值设置为 15,模型显示如图 4-195 所示。

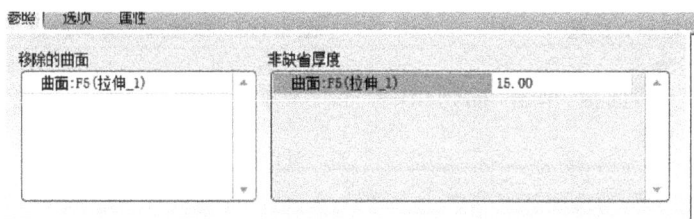

图 4-195   "非缺省厚度"设置

④ 参数设置完成后,单击 ✔ 图标按钮,完成抽壳的创建,如图 4-196 所示。

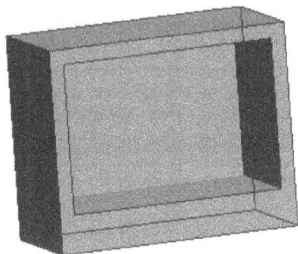

图 4-196   抽壳的创建

⑤ 利用排除的曲面创建抽壳特征。

在创建抽壳特征的过程中,可以单击"选项"选项卡,打开"选项"上滑面板并激活"排除的曲面"收集器,如图4-197所示。在绘图区中选取要排除的曲面,使其不被壳化,如图4-198所示,最终创建的抽壳特征如图4-199所示。

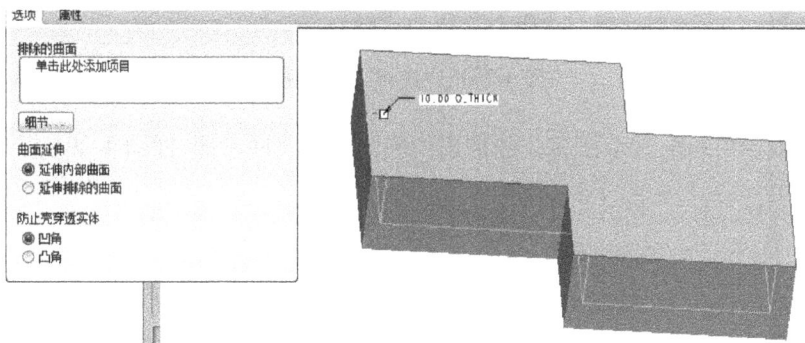

图4-197 "选项"上滑面板

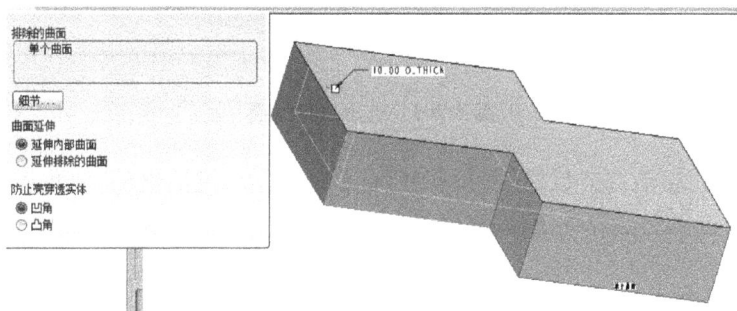

图4-198 选取要排除的曲面

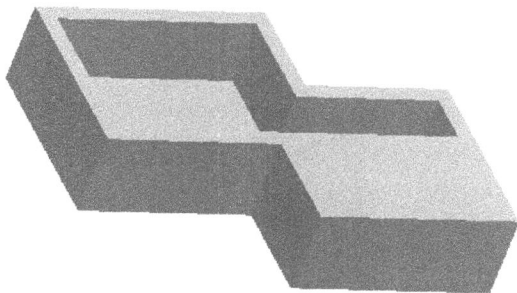

图4-199 抽壳的创建

2. 拔模特征的创建

拔模特征是用来创建模型上的拔模斜角的,对于由圆柱面或平面形成的面,可以由拔模特征形成一个介于$-30°$和$+30°$之间的拔模角度。

调用命令的方式如下:

菜单:执行"插入"|"斜度"命令。

图标:单击界面右侧命令工具栏中的 图标按钮。

① 调用"拔模"命令,系统弹出"拔模"操控面板,如图 4-200 所示。

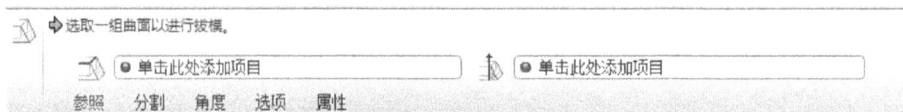

图 4-200　"拔模"操控面板

② 选取拔模曲面:选取正方体的前表面作为拔模曲面参照,如图 4-201 所示。

图 4-201　选取拔模曲面

③ 选取拔模枢轴:在"拔模"特征操控面板中,激活"拔模枢轴"收集器,选取正方体的上表面作为拔模枢轴参照,输入拔模的角度值为 15,如图 4-202 所示。

图 4-202　选取拔模枢轴

④ 参数设置完成后,单击 图标按钮,完成拔模的创建,如图 4-203 所示。

图 4-203　拔模特征的创建

任务实施

运用所学命令完成如图 4-189 所示汽车缸垫的三维实体建模。

☞**STEP 1**　新建"gangdian"文件

单击"新建"按钮 📄，选择"零件"类型，并输入文件名称"gangdian"，选择公制单位，单击"确定"按钮。进入零件建模界面。

☞**STEP 2**　运用拉伸命令创建实体

◆ 创建拉伸特征：单击界面右侧命令工具栏中的"拉伸"按钮 ⬚，弹出"拉伸"面板。

◆ 定义拉伸截面：单击"放置"|"定义"按钮，弹出"草绘"对话框，选取 TOP 平面为草绘平面。单击"草绘"按钮，进入草绘界面。

◆ 草绘拉伸截面：在草绘界面绘制拉伸截面，如图 4-204 所示。定义拉伸深度为"⬓"，深度数值为 25，单击 ✔ 按钮，完成拉伸实体，如图 4-205 所示。

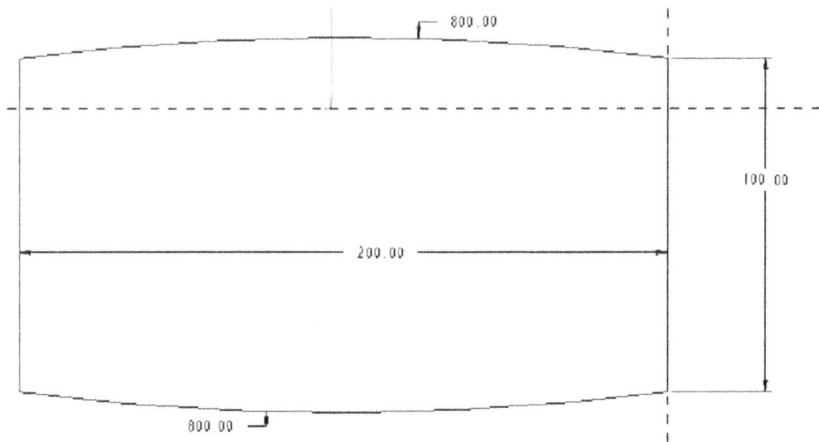

图 4-204　草绘拉伸截面

图4-205 完成实体拉伸

☞**STEP 3** 创建倒圆角

◆ 单击 图标按钮,打开"倒圆角"面板。

◆ 选择拉伸实体的四个短边进行倒圆角,设定数值为30,如图4-206所示。

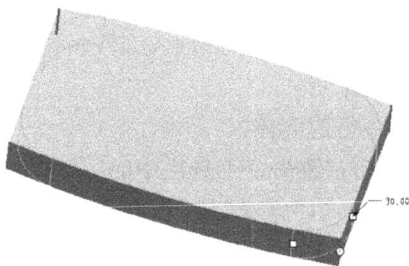

图4-206 倒圆角的设置

◆ 单击操控面板中的 图标按钮,完成倒圆角的创建,如图4-207所示。

图4-207 倒圆角的创建

☞**STEP 4** 创建拔模特征

◆ 单击 图标按钮,调用"拔模"命令,弹出"拔模"操控面板。

◆ 选取拉伸实体的侧面作为拔模曲面参照,如图4-208所示。

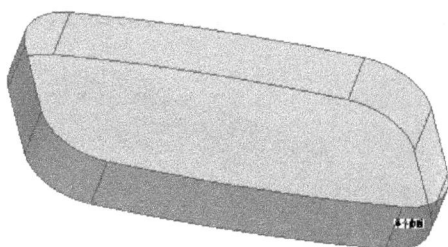

图4-208 选取拔模曲面

◆ 选取拉伸实体的上表面作为拔模枢轴参照,单击 图标切换拔模方向,输入拔模的角度值为5,如图4-209所示。

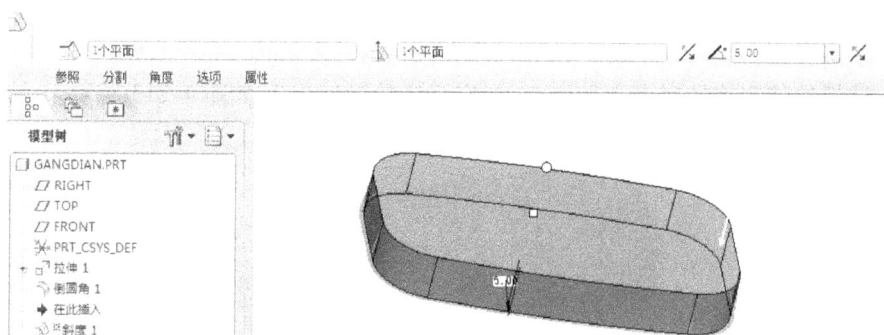

图4-209 设置拔模参数

◆ 参数设置完成后,单击 图标按钮,完成拔模的创建,如图4-210所示。

图4-210 拔模特征的创建

☞**STEP 5** 创建倒圆角

◆ 单击 图标按钮,打开"倒圆角"面板。

◆ 选择拉伸实体的边进行倒圆角,设定数值为1,如图4-211所示。

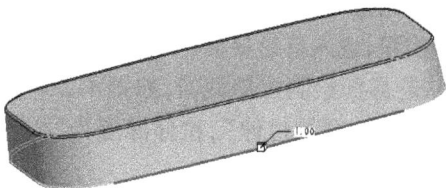

图4-211 倒圆角的设置

◆ 单击操控面板中的 ✔ 图标按钮,完成倒圆角的创建,如图 4-212 所示。

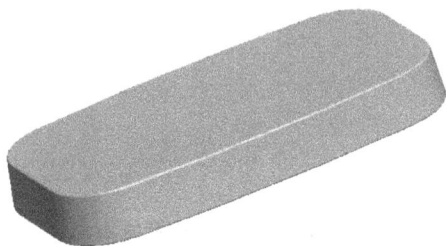

图 4-212 倒圆角的创建

☞**STEP 6** 创建抽壳特征

◆ 单击界面右侧命令工具栏中的 ▣ 图标按钮,打开"抽壳"操控面板。

◆ 选择拉伸实体的底面为抽壳面,指定壳体的厚度为 2,如图 4-213 所示。

图 4-213 抽壳参数设置

◆ 参数设置完成后,单击 ✔ 图标按钮,完成抽壳的创建,如图 4-214 所示。

图 4-214 抽壳的创建

☞**STEP 7** 运用拉伸命令切除实体

◆ 创建拉伸特征:单击界面右侧命令工具栏中的"拉伸"按钮 ⬚,弹出"拉伸"面板。

◆ 定义拉伸截面:单击"放置"|"定义"按钮,弹出"草绘"对话框,选取 FRONT 平面为草绘平面。单击"草绘"按钮,进入草绘界面。

◆ 草绘拉伸截面:在草绘界面绘制拉伸截面,如图 4-215 所示。单击 ⬚ 图标按钮,激活"去除材料",定义拉伸类型为"两侧拉伸",拉伸深度为"⌐⊨",单击 ✔ 按钮,完成拉伸实体,如图 4-216 所示。

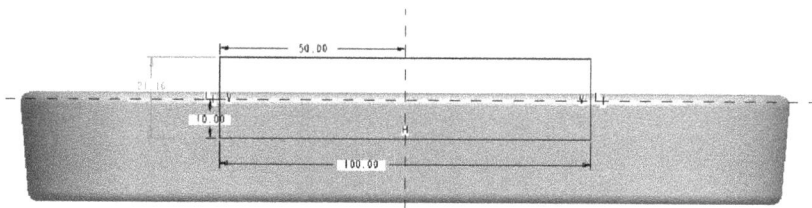

图 4-215　草绘拉伸截面

图 4-216　实体去除材料

☞**STEP 8**　运用拉伸命令切除实体

◆ 创建拉伸特征：单击界面右侧命令工具栏中的"拉伸"按钮，弹出"拉伸"面板。

◆ 定义拉伸截面：单击"放置"|"定义"按钮，弹出"草绘"对话框，选取 RIGHT 平面为草绘平面。单击"草绘"按钮，进入草绘界面。

◆ 草绘拉伸截面：在草绘界面绘制拉伸截面，如图 4-217 所示。单击⬚图标按钮，激活"去除材料"，定义拉伸类型为"两侧拉伸"，拉伸深度为"⊒⊨"，单击 ✔ 按钮，完成拉伸实体，如图 4-218 所示。

图 4-217　草绘拉伸截面

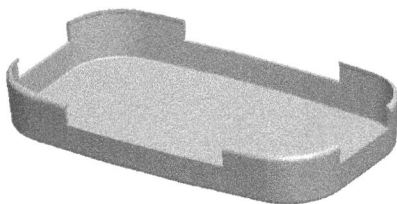

图 4-218　实体去除材料

☞**STEP 9**　创建倒圆角

◆ 单击◝图标按钮，打开"倒圆角"面板。

◆ 选择拉伸去除材料实体的边进行倒圆角，设定数值为 6，如图 4-219 所示。

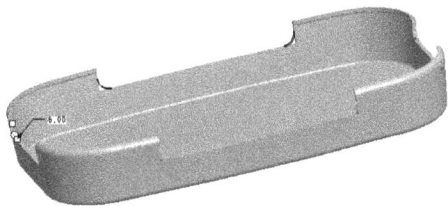

图 4-219　倒圆角的设置

◆ 单击操控面板中的 ✔ 图标按钮,完成倒圆角的创建,如图 4-220 所示。

图 4-220　倒圆角的创建

☞**STEP 10**　创建孔

◆ 打开"孔"特征操控面板,单击"创建简单孔"图标按钮⊔。

◆ 单击"放置"选项卡,弹出"放置"上滑面板,选择拉伸实体上表面作为孔的放置平面。

◆ 在"放置"上滑面板中,设置孔的定位方式的"类型"为线性,并激活"偏移参照"收集器,按住【Ctrl】键依次选取 RIGHT 平面和 FRONT 平面作为孔的定位基准,并设置相应参数,定义孔的直径为 30,深度类型为"盲孔⧘⧚",如图 4-221 所示。

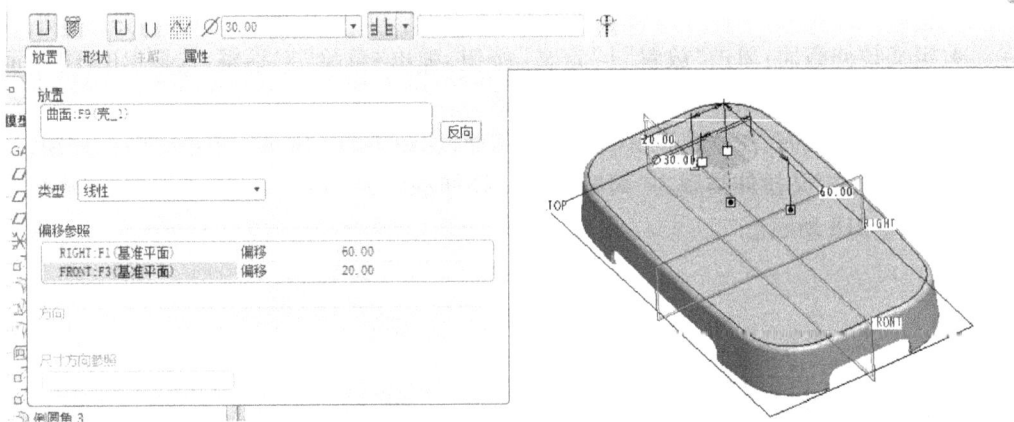

图 4-221　孔参数设置

◆ 单击操控面板中的 ✔ 图标按钮,完成孔的创建,如图 4-222 所示。

图 4-222　孔的创建

☞**STEP 11**   对孔进行阵列

◆ 选取孔特征,如图 4-223 所示。

图 4-223   选取孔特征

◆ 单击界面右侧命令工具栏中的"阵列"图标按钮▦,激活"阵列"操控面板,在操控面板左侧的下拉列表里选取"曲线",进入"曲线"阵列操控面板。选取拉伸实体的上表面为草绘参照平面,如图 4-224 所示。

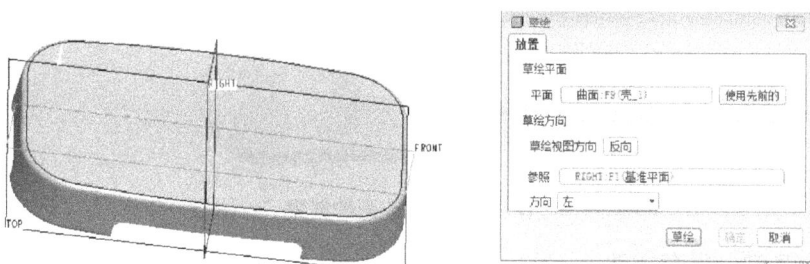

图 4-224   选取曲线阵列草绘平面

◆ 进入草绘界面,草绘阵列曲线,如图 4-225 所示。

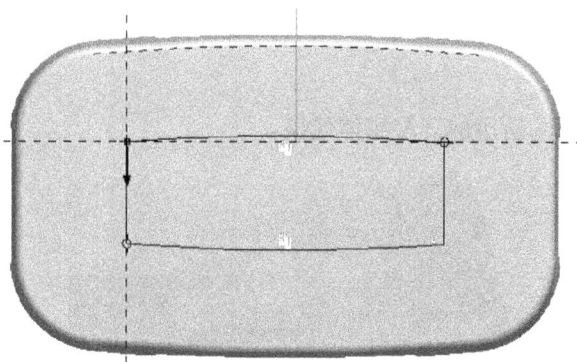

图 4-225   草绘阵列曲线

◆ 单击图标按钮,在后面的文本框中设置阵列数量为 8,如图 4-226 所示。

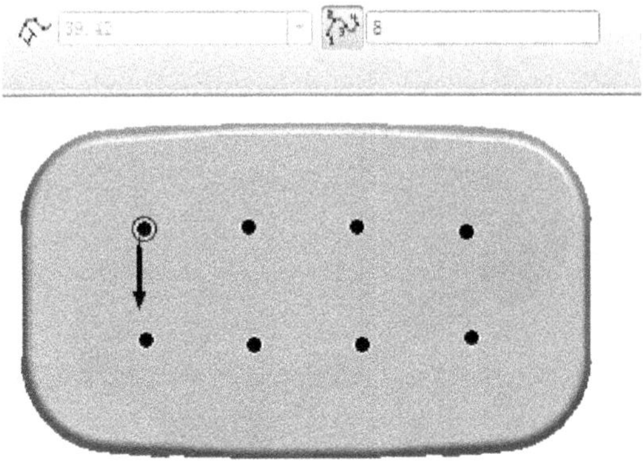

图 4-226　设置阵列参数

◆ 单击操控面板中的 ✔ 图标按钮,完成孔阵列的创建,如图 4-227 所示。

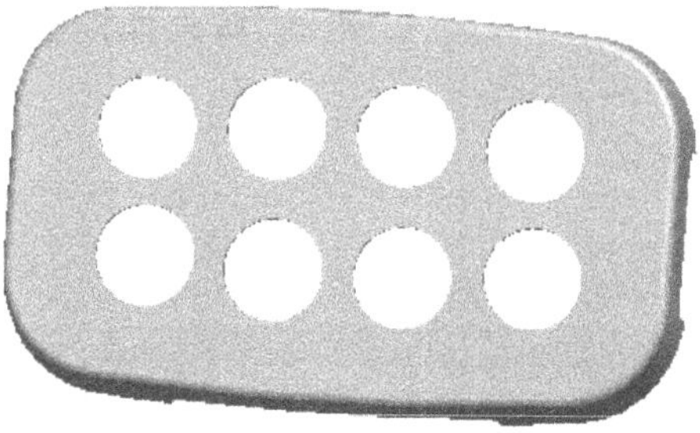

图 4-227　孔阵列的创建

☞STEP 12　保存文件

以上特征全部创建完成后,单击界面上方常用工具栏中的"保存"按钮🖫,进行文件的保存。

拓展练习

1. 完成如图 4-228 所示的三维实体建模。

图 4-228　练习模型(一)

2. 完成如图 4-229 所示的三维实体建模。

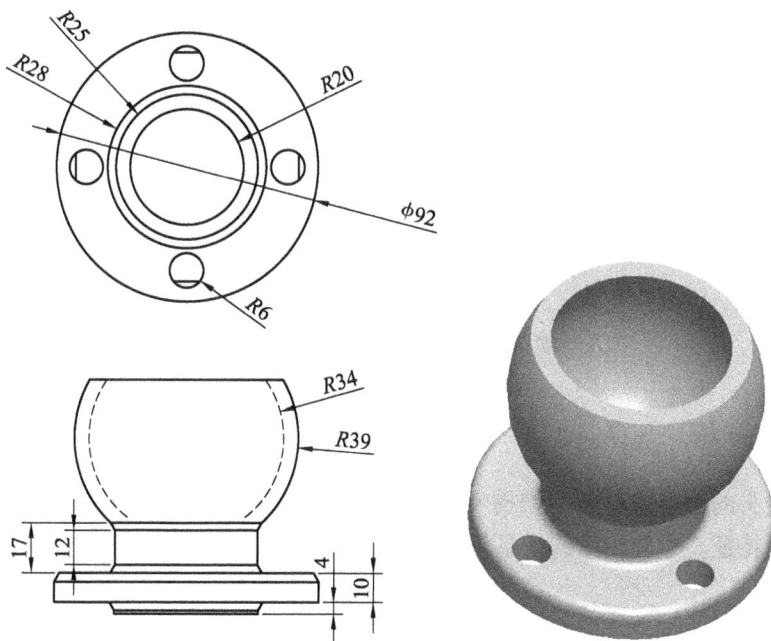

图 4-229　练习模型(二)

任务 4.7　弯 管 接 头

任务目标

◎掌握扫描特征的创建步骤
◎熟练掌握螺旋扫描特征的创建步骤

任务内容

运用所学命令完成弯管接头的三维实体建模,如图 4-230 所示。

图 4-230　弯管接头三维实体模型

任务分析

弯管接头的创建需要运用扫描和螺旋扫描特征。扫描特征是将截面沿着轨迹线移动而形成的特征。螺旋扫描特征是将截面沿着螺旋轨迹线移动而形成的特征。

相关知识

1. 扫描特征的创建

① 调用"扫描"命令：执行"插入"|"扫描"|"伸出项"命令。系统弹出"扫描"特征对话框和菜单管理器，如图 4-231 所示。

② 定义扫描轨迹：扫描轨迹的定义方式有"草绘轨迹"和"选取轨迹"两种。这里采用"草绘轨迹"的方式。

选定草绘平面：选择"扫描轨迹"菜单管理器中的"草绘轨迹"选项。系统弹出"设置草绘平面"菜单管理器和"选取"对话框，如图 4-232 所示。

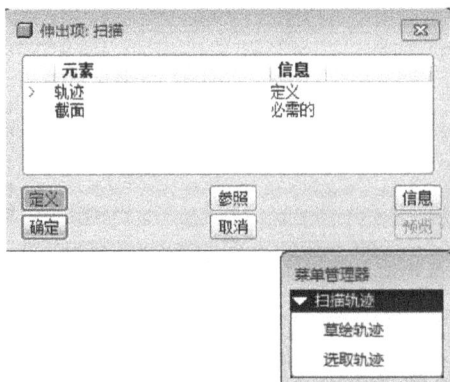

图 4-231　"扫描"特征对话框和菜单管理器

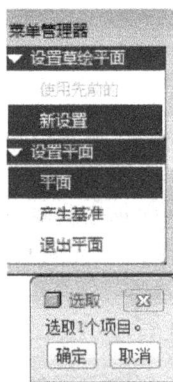

图 4-232　"设置草绘平面"菜单管理器和"选取"对话框

③ 定义草绘平面：选择 TOP 基准平面为草绘平面，系统弹出如图 4-233 所示"方向"菜单管理器，选择草绘视图方向，选择"正向"选项，则系统弹出如图 4-234 所示"草绘视

图"菜单管理器,选择草绘视图方向参照,选择"右"选项,系统弹出"设置平面"菜单管理器,选择"平面"选项(此为默认设置),选择 RIGHT 基准平面为参照平面,参照平面方向为向右,进入草绘模式。

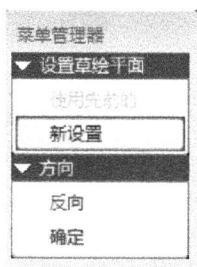

图 4-233 "方向"菜单管理器

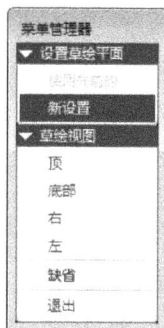

图 4-234 "草绘视图"菜单管理器

④ 草绘轨迹:绘制草绘轨迹,绘制曲线的第一点作为扫描特征的起点,如图 4-235所示。

⑤ 创建扫描特征截面:单击草绘轨迹界面中的 ✔ 按钮,进入草绘截面状态,绘制截面,如图 4-236 所示。

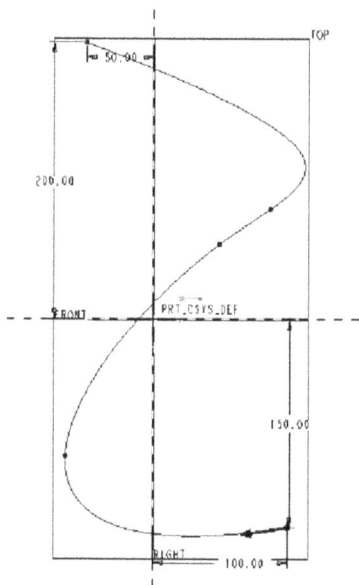

图 4-235 草绘扫描轨迹

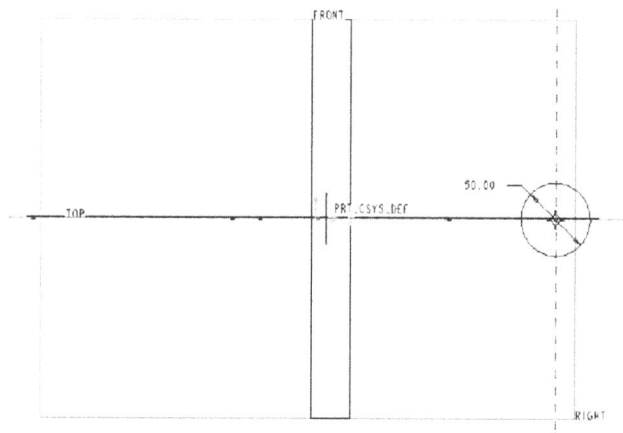

图 4-236 草绘截面

⑥ 扫描截面绘制完成后,单击 ✔ 按钮,回到零件设计模式,如图 4-237 所示。单击预览图标按钮,预览正确后,单击确定按钮,完成扫描特征的创建,如图 4-238 所示。

图4-237 零件设计模式

图4-238 扫描特征的创建

2. 螺旋扫描特征的创建

① 调用"螺旋扫描"命令：执行"插入"|"螺旋扫描"|"伸出项"命令。系统弹出"螺旋扫描"特征对话框和菜单管理器，如图4-239所示。

图4-239 "螺旋扫描"特征对话框和菜单管理器

② 定义螺旋扫描的属性：按默认选项设置，单击"完成"选项，弹出"设置草绘平面"菜单管理器，如图4-240所示。

图4-240 "设置草绘平面"菜单管理器

③ 定义螺旋扫描轨迹：选取 TOP 基准平面为草绘平面，在菜单管理器中设置草绘方向，如图4-241所示。进入草绘界面，绘制螺旋扫描轨迹，如图4-242所示。

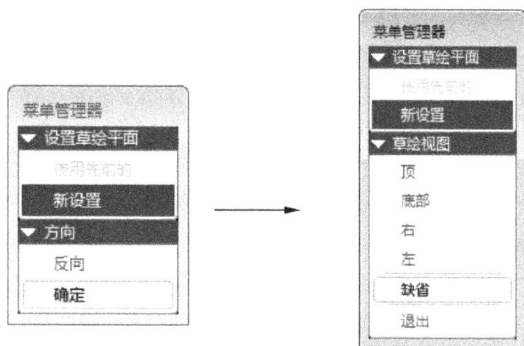

图4-241 设置草绘方向

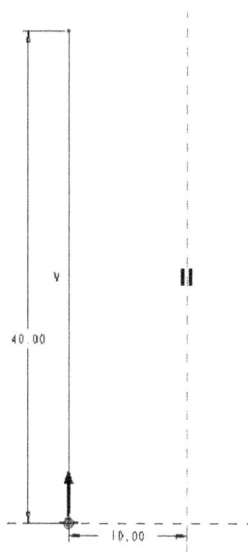

图4-242 草绘螺旋扫描轨迹

④ 定义节距:草绘螺旋扫描轨迹后,单击 ✔ 按钮,回到设计界面,弹出"输入节距值"信息栏,设置节距值为10,单击✔按钮完成,如图4-243所示。

图4-243 设置节距值

⑤ 绘制螺旋扫描截面:完成节距设置后,回到草绘界面绘制螺旋扫描截面,如图4-244所示。

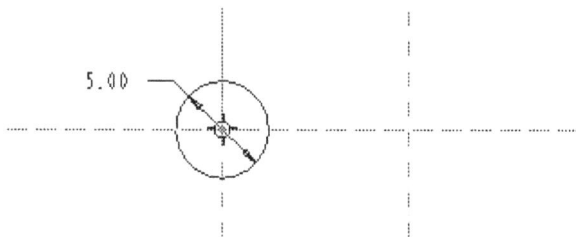

图4-244 草绘螺旋扫描截面

⑥ 螺旋扫描截面绘制完成后,单击 ✔ 按钮,回到零件设计模式。单击 预览 图标按钮,预览正确后,单击 确定 按钮,完成螺旋扫描特征的创建,如图4-245所示。

💻 **任务实施**

运用所学命令完成如图4-230所示弯管接头的三维实体建模。

图4-245 螺旋扫描特征的创建

☞**STEP 1**　新建"wanguan"文件

单击"新建"按钮🗋,选择"零件"类型,并输入文件名称"wanguan",选择公制单位,单击"确定"按钮。进入零件建模界面。

☞**STEP 2**　扫描特征创建弯管

◆ 执行"插入"|"扫描"|"伸出项"命令。系统弹出"扫描"特征对话框和菜单管理器。

◆ 选择"草绘轨迹"选项。选取 FRONT 基准平面为草绘平面,选择"正向"选项,"缺省"选项,进入草绘模式,如图 4-246 所示。

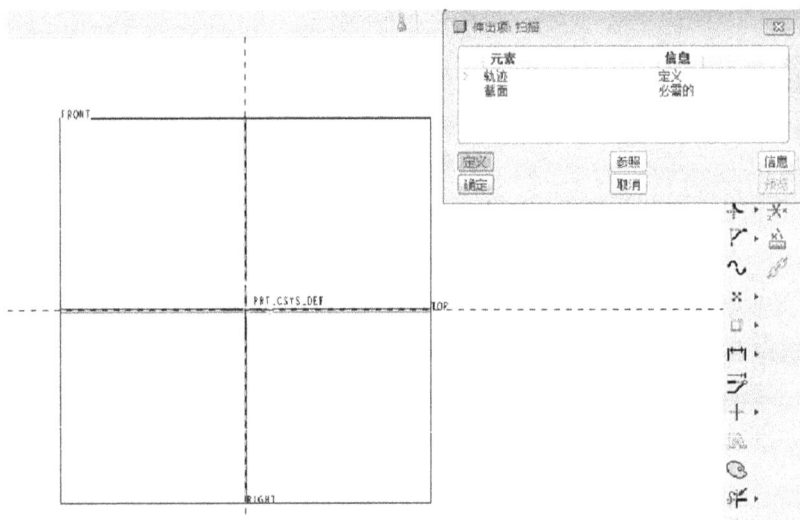

图 4-246　定义草绘平面

◆ 草绘轨迹,绘制曲线的第一点作为扫描特征的起点,如图 4-247 所示。

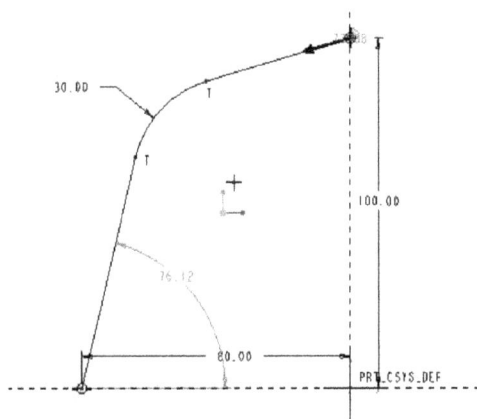

图 4-247　草绘扫描轨迹

◆ 单击草绘轨迹界面中的 ✔ 按钮,进入草绘截面状态,绘制截面,如图 4-248 所示。

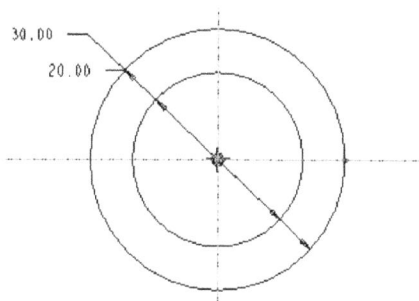

图 4-248　草绘截面

◆ 扫描截面绘制完成后,单击 ✔ 按钮,回到零件设计模式,单击 确定 按钮,完成弯管的创建,如图 4-249 所示。

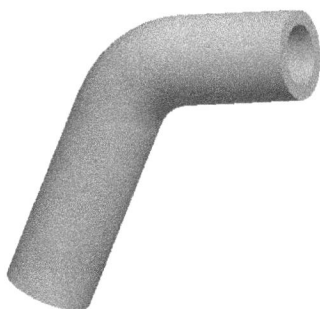

图 4-249　弯管的创建

☞**STEP 3**　运用拉伸特征创建接头

◆ 单击界面右侧命令工具栏中的"拉伸"按钮 ,弹出"拉伸"面板。

◆ 单击"放置"|"定义"按钮,弹出"草绘"对话框,选取接头平面为草绘平面。单击"草绘"按钮,进入草绘界面。

◆ 在草绘界面绘制拉伸截面,如图 4-250 所示。定义拉伸深度为" ",深度数值为5,单击 ✔ 按钮,完成拉伸,如图 4-251 所示。

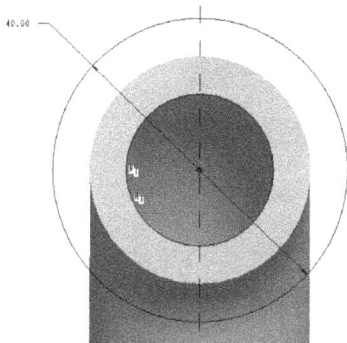

图 4-250　草绘拉伸截面

图 4-251　完成接头拉伸

☞**STEP 4**   运用拉伸特征创建接头

◆ 单击界面右侧命令工具栏中的"拉伸"按钮 ，弹出"拉伸"面板。

◆ 单击"放置"|"定义"按钮，弹出"草绘"对话框，选取上一步创建的接头平面为草绘平面。单击"草绘"按钮，进入草绘界面。

◆ 在草绘界面绘制拉伸截面，如图 4-252 所示。定义拉伸深度为" "，深度数值为5，单击 按钮，完成拉伸，如图 4-253 所示。

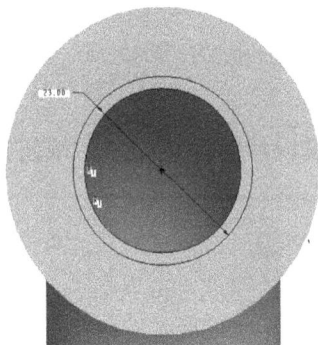

图 4-252   草绘拉伸截面   图 4-253   完成接头拉伸

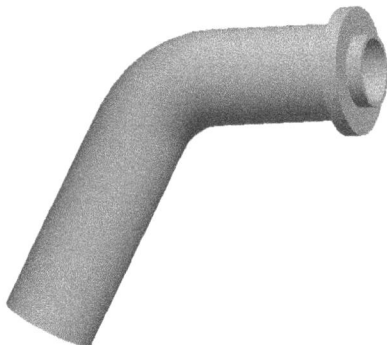

☞**STEP 5**   运用螺旋扫描创建接头

◆ 执行"插入"|"螺旋扫描"|"切口"命令。系统弹出"螺旋扫描"特征对话框和菜单管理器，如图 4-254 所示。

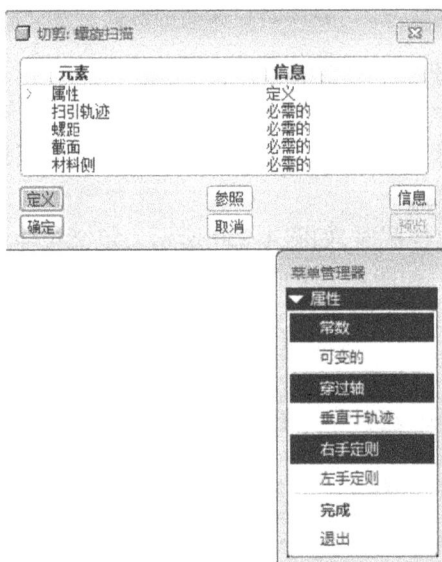

图 4-254   "螺旋扫描"特征对话框和菜单管理器

◆ 按默认选项设置，单击"完成"选项，弹出"设置草绘平面"菜单管理器。选取 FRONT 基准平面为草绘平面，在菜单管理器中设置草绘方向为"正向"，草绘视图为"缺省"。进入草绘界面。

◆ 草绘螺旋扫描轨迹,如图 4-255 所示。

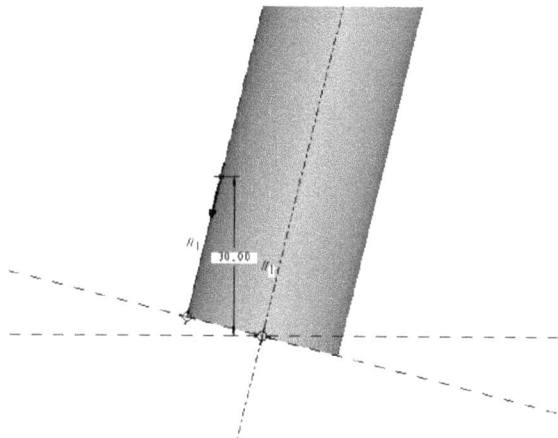

图 4-255　草绘螺旋扫描轨迹

◆ 草绘螺旋扫描轨迹后,单击 ✔ 按钮,回到设计界面,弹出"输入节距值"信息栏,设置节距值为 3.5,单击✔按钮完成。

◆ 完成节距设置后,回到草绘界面绘制螺旋扫描截面,如图 4-256 所示。

◆ 螺旋扫描截面绘制完成后,单击 ✔ 按钮,回到零件设计模式。弹出菜单管理器,确定切口方向,如图 4-257 所示。

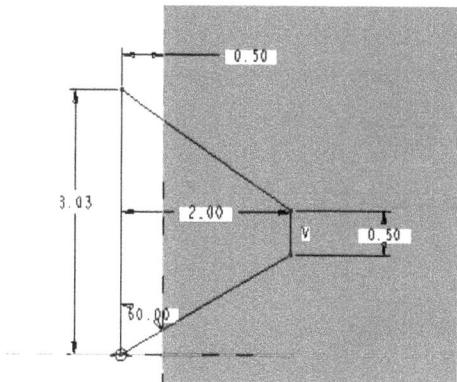

图 4-256　草绘螺旋扫描截面

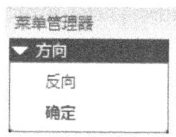

图 4-257　切口"方向"菜单管理器

◆ 单击"确定"选项回到零件设计模式,单击 确定 按钮,完成接口螺旋扫描切口特征的创建,如图 4-258 所示。

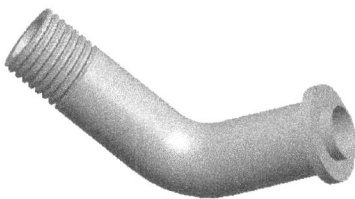

图 4-258　接口的创建

☞**STEP 6** 保存文件

以上特征全部创建完成后,单击界面上方常用工具栏中的"保存"按钮🖫,进行文件的保存。

拓展练习

1. 完成如图 4-259 所示的三维实体建模。

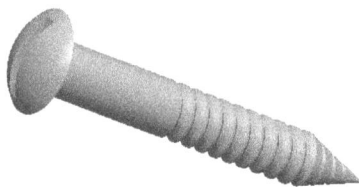

图 4-259 练习模型(一)

2. 完成如图 4-260 所示的三维实体建模。

图 4-260 练习模型(二)

3. 完成如图 4-261 所示的三维实体建模。

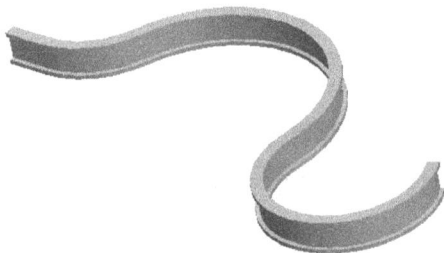

图 4-261 练习模型(三)

任务4.8   麻 花 钻

任务目标

◎掌握平行混合特征的创建步骤

◎熟练掌握常用特征的综合应用

任务内容

运用所学命令完成麻花钻的三维实体建模,如图4-262所示。

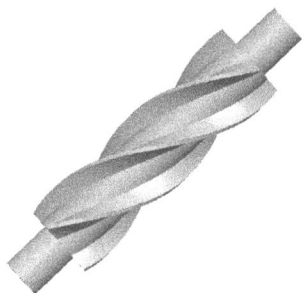

图4-262 麻花钻三维实体模型

任务分析

麻花钻的形状较复杂,用之前学习的拉伸和旋转等命令只能完成一部分建模,其他部分的三维模型就要用平行混合特征来创建。平行混合特征是指用相互平行的、间隔一定距离的各截面的顶点依次相连而形成的特征。通过本节内容的学习,可以充分运用和巩固模型的创建方法,从而提高三维建模的能力。

相关知识

1. 平行混合特征的创建

执行"插入"|"混合"|"伸出项"命令。系统弹出"混合"菜单管理器,如图4-263所示。

图 4-263   "混合"菜单管理器

2. 定义混合属性

① 在菜单管理项中选择"平行" | "规则截面" | "草绘截面"选项（即默认设置），如图 4-263 所示。选取"完成"选项，系统弹出"平行"混合特征对话框和"属性"菜单管理器，如图 4-264 所示。

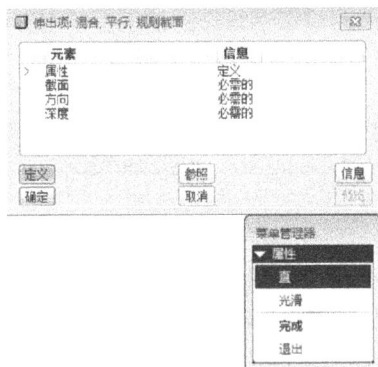

图 4-264   "平行"混合特征对话框和"属性"菜单管理器

② 在"属性"菜单管理器中依次选择"光滑" | "完成"选项，完成对混合属性的定义，回到"设置草绘平面"菜单管理器，如图 4-265 所示。

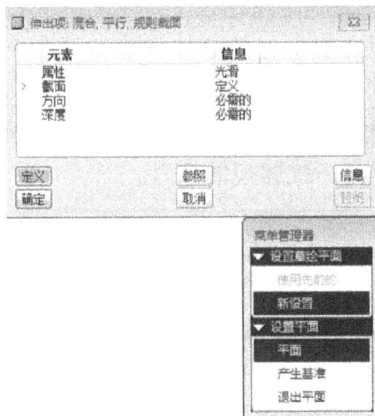

图 4-265   "设置草绘平面"菜单管理器

3．定义混合截面

① 选取草绘平面：在"设置草绘平面"菜单管理器中依次选择"新设置"|"平面"选项，并选取 TOP 平面为草绘平面，若要选取"正向"，在弹出的"方向"菜单中单击"确定"选项，若要选取草绘平面负方向，则选取"反向"选项。这里选取正方向，如图 4-266所示。

② 定位草绘平面：在弹出的"草绘视图"菜单管理器中选择"缺省"选项，进入草绘界面。

③ 草绘混合截面 1：草绘平行混合特征的截面 1，如图 4-267 所示。图中箭头所在的点为起始点，箭头所指方向为混合方向。

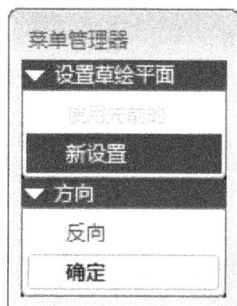

图 4-266　设置草绘方向　　　　　　图 4-267　草绘截面 1

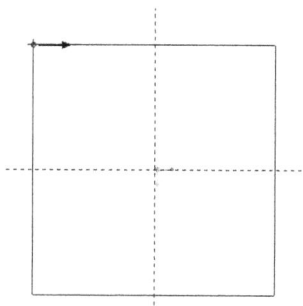

④ 草绘混合截面 2：在菜单栏选择"草绘"|"特征工具"|"切换截面"或在草绘器中单击鼠标右键，在弹出的快捷菜单中选择"切换截面"。截面 1 变成灰色，为不可编辑状态，此时进入截面 2 的绘制。由于截面 2 是一个圆，需要用"分割"命令把圆分成四份才能混合，如图 4-268 所示。

注意：平行混合特征的每个截面的图元数量必须相同才能进行混合，并要注意起始点和方向的设置。

⑤ 草绘混合截面 3：在草绘器中单击鼠标右键，选择"切换截面"，进入截面 3 的绘制，如图 4-269 所示。

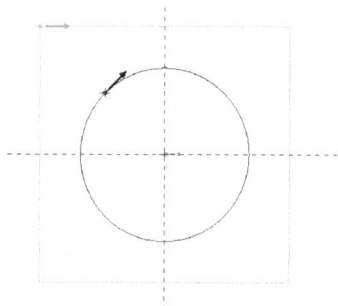

图 4-268　草绘截面 2　　　　　　　图 4-269　草绘截面 3

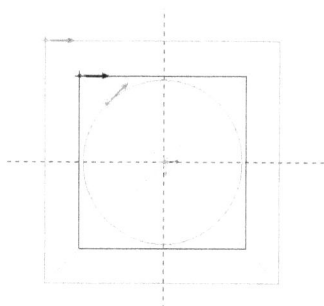

⑥ 截面绘制完成后，单击 ✔ 图标按钮，完成截面的绘制。

4. 定义截面间的距离

完成草绘截面后,系统弹出"输入截面 2 的深度"消息栏,此时输入截面 1 到截面 2 之间的距离,如图 4-270 所示。单击 ✓ 图标按钮,弹出"输入截面 3 的深度"消息栏,此时输入截面 2 到截面 3 的距离,如图 4-271 所示,单击 ✓ 图标按钮,完成截面间的距离设置。

输入截面2的深度
50 　　　　　　　　　　　　　　　　　　　　　　　　✓ ✗

图 4-270　输入截面 2 的深度

输入截面3的深度
30 　　　　　　　　　　　　　　　　　　　　　　　　✓ ✗

图 4-271　输入截面 3 的深度

5. 完成混合特征创建

所有参数设置完成且预览正确后,单击"确定"按钮,完成平行混合特征的创建,如图 4-272 所示。

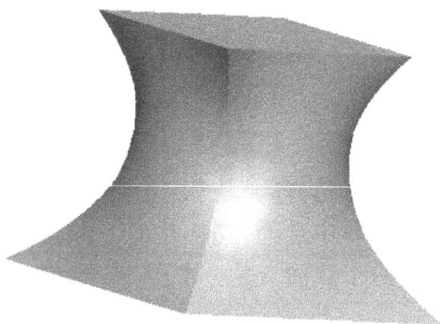

图 4-272　平行混合特征的创建

💻 **任务实施**

运用所学命令完成如图 4-262 所示麻花钻的三维实体建模。

☞**STEP 1**　创建麻花钻截面草绘文件

◆ 单击"新建"按钮 ,选择"草绘"类型,并输入文件名称"mahuazuan",选择公制单位,单击"确定"按钮,进入草绘界面。

◆ 绘制麻花钻截面草绘图,如图 4-273 所示。

◆ 单击"保存"按钮 ,保存文件。

☞**STEP 2**　新建"mahuazuan"实体文件

单击"新建"按钮 ,选择"零件"类型,并输入文件名称"mahuazuan",选择公制单位,单击"确定"按钮,进入实体建模界面。

☞**STEP 3**　运用混合特征创建实体

◆ 执行"插入"|"混合"|"伸出项"命令。在弹出的"混合"菜单管理器中选择"平行"|"规则截面"|"草绘截面"选项(即默认设置)。

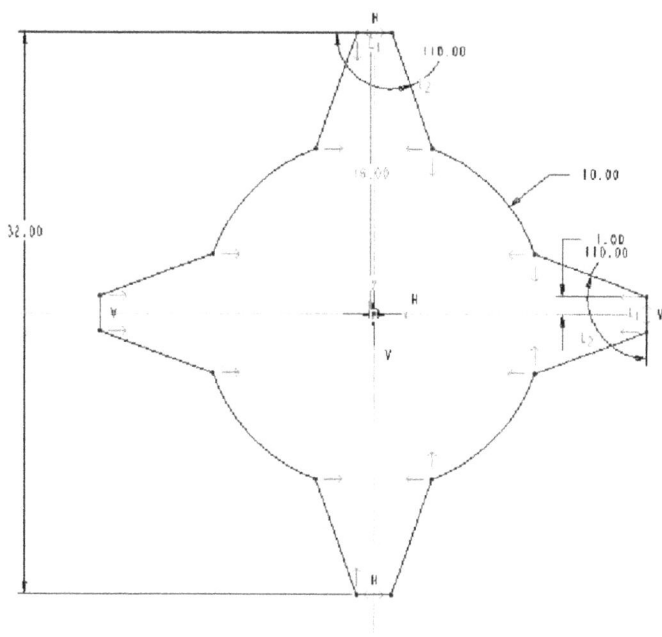

图 4-273 草绘麻花钻截面

◆ 选取"完成"选项,在"属性"菜单管理器中依次选择"光滑"|"完成"选项,完成对混合属性的定义,回到"设置草绘平面"菜单管理器。

◆ 在"设置草绘平面"菜单管理器中依次选择"新设置"|"平面"选项,并选取 TOP 平面为草绘平面,选取"正向",在弹出的"草绘视图"菜单管理器中选择"缺省"选项,进入草绘界面。

◆ 草绘混合截面 1:选择界面上方菜单栏的"草绘"|"数据来自文件"|"文件系统",将 STEP 1 保存好的"mahuazuan"草绘图形导入混合绘图区域,将图形移动到绘图区域的中心位置,输入比例为 1,旋转角度值为 0,单击"确定",完成混合截面 1 的绘制,如图 4-274 所示。

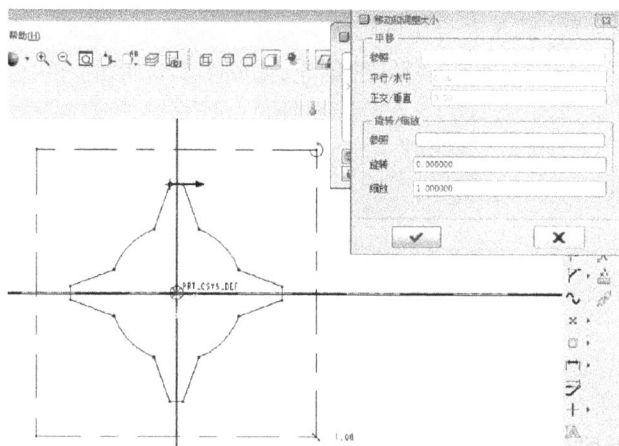

图 4-274 草绘截面 1

◆ 草绘混合截面2:在草绘器中单击鼠标右键,在弹出的快捷菜单中选择"切换截面",进入截面2的绘制,采用上述同样方法导入草绘图形,比例不变,输入角度值为45,如图4-275所示。

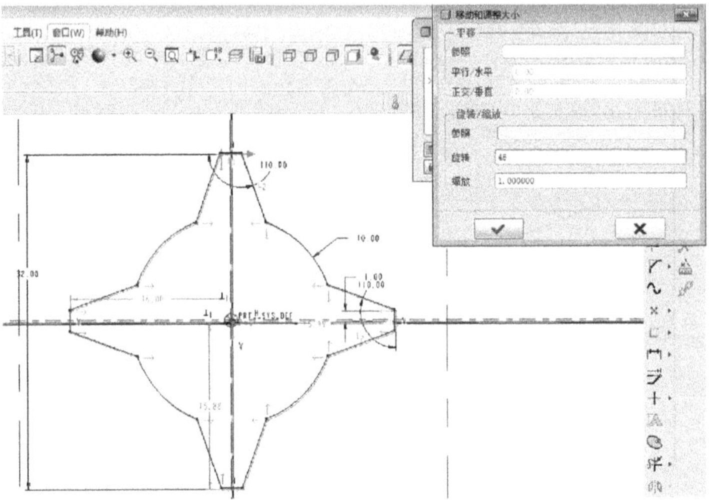

图4-275　草绘截面2

◆ 草绘混合截面3:在草绘器中单击鼠标右键,选择"切换截面",进入截面3的绘制,输入角度值为90。

◆ 草绘混合截面4:在草绘器中单击鼠标右键,选择"切换截面",进入截面4的绘制,输入角度值为135。

◆ 草绘混合截面5:在草绘器中单击鼠标右键,选择"切换截面",进入截面5的绘制,输入角度值为180。

◆ 草绘混合截面6:在草绘器中单击鼠标右键,选择"切换截面",进入截面6的绘制,输入角度值为225。

◆ 六个截面绘制完成后,单击 ✔ 图标按钮,完成截面的绘制。

◆ 完成草绘截面后,输入混合深度均为20,完成截面间的距离设置。

◆ 单击"确定"按钮,完成混合特征的创建,如图4-276所示。

图4-276　混合特征的创建

☞**STEP 4**　运用拉伸特征创建实体

◆ 单击界面右侧命令工具栏中的"拉伸"按钮 ，弹出"拉伸"面板。

◆ 单击"放置"|"定义"按钮,弹出"草绘"对话框,选取上一步创建的实体平面为草绘平面。单击"草绘"按钮,进入草绘界面。

◆ 在草绘界面绘制拉伸截面,如图 4-277 所示。定义拉伸深度为"⊥",深度数值为20,单击 ✔ 按钮,完成拉伸,如图 4-278 所示。

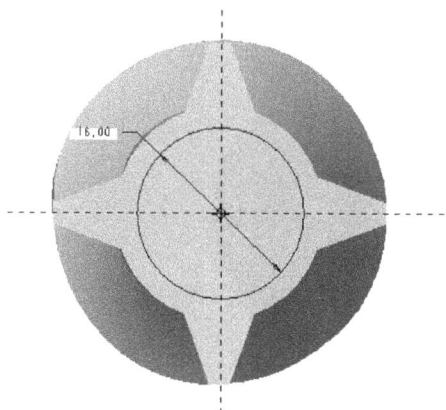

图 4-277　草绘拉伸截面

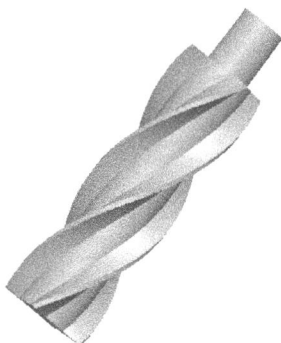

图 4-278　完成实体拉伸

☞**STEP 5**　运用拉伸特征创建实体

◆ 单击界面右侧命令工具栏中的"拉伸"按钮,弹出"拉伸"面板。

◆ 单击"放置"|"定义"按钮,弹出"草绘"对话框,选取创建的实体平面为草绘平面。单击"草绘"按钮,进入草绘界面。

◆ 在草绘界面绘制拉伸截面,如图 4-279 所示。定义拉伸深度为"⊥",深度数值为20,单击 ✔ 按钮,完成拉伸,如图 4-280 所示。

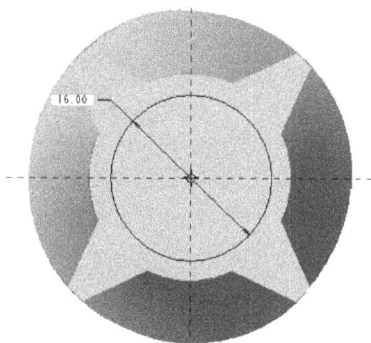

图 4-279　草绘拉伸截面

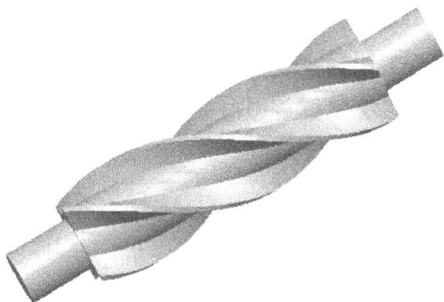

图 4-280　完成实体拉伸

☞**STEP 6**　保存文件

以上特征全部创建完成后,单击界面上方常用工具栏中的"保存"按钮,进行文件的保存。

拓展练习

完成如图4-281所示的三维实体建模。

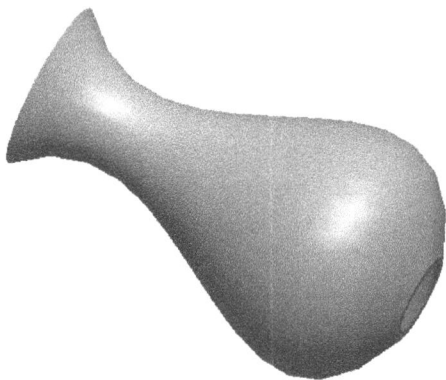

图 4-281　练习模型

任务 4.9　叶　　轮

任务目标

◎掌握扫描混合特征的创建步骤
◎熟练掌握常用特征的综合应用

任务内容

运用所学命令完成叶轮的三维实体建模,如图4-282所示。

任务分析

叶轮的形状较为复杂,中间各部分截面不同,单单运用扫描或混合特征不能创建其特征,这里需要用到扫描混合特征来创建。

图 4-282　叶轮三维实体模型

相关知识

1. 定义扫描混合轨迹

在创建扫描混合特征之前,必须首先定义扫描混合的轨迹。可以草绘轨迹或选择现有的曲线和边,这里采用草绘轨迹,如图 4-283 所示。

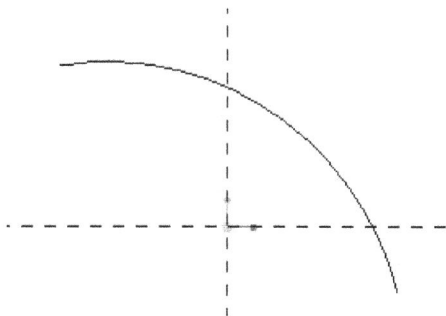

图 4-283　草绘轨迹

2. 扫描混合特征的创建

执行"插入"|"扫描混合"命令。系统弹出"扫描混合"面板,如图 4-284 所示。

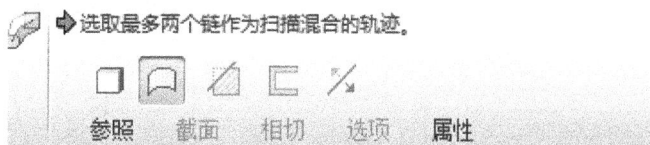

图 4-284　"扫描混合"面板

3. 扫描混合特征的设置

① 在弹出的"扫描混合"面板中单击"参照"选项卡,弹出"参照"上滑面板,如图 4-285 所示。

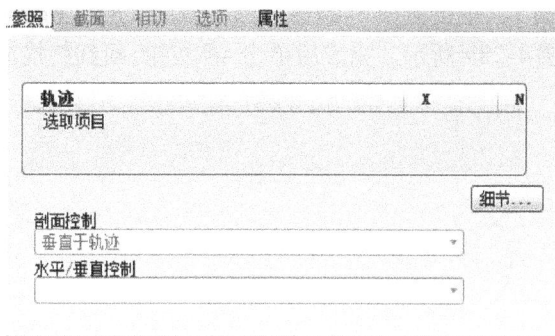

图 4-285　"参照"上滑面板

在绘图窗口中选取草绘的轨迹曲线,此时"参照"上滑面板显示如图 4-286 所示。

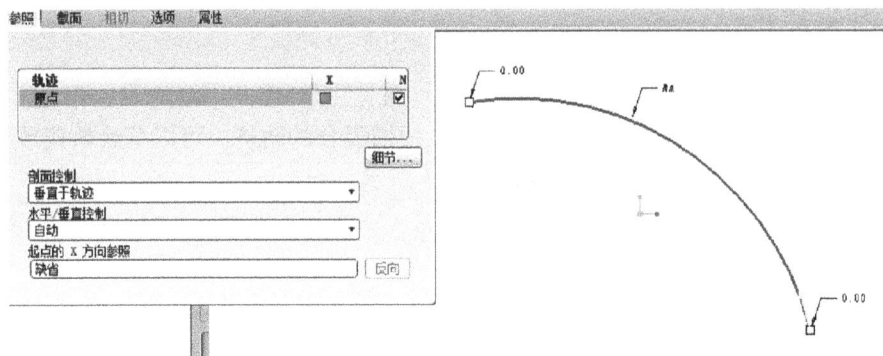

图 4-286　"参照"选项

② 单击"截面"选项卡,弹出"截面"上滑面板,如图 4-287 所示。选取一个位置点,然后单击"草绘"按钮,开始草绘截面1,如图 4-288 所示。

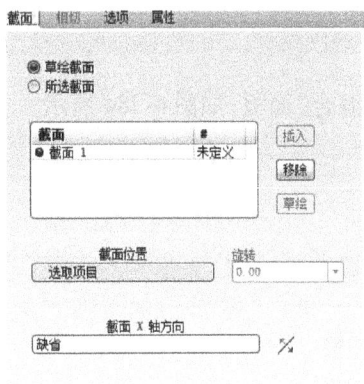

图 4-287　"截面"上滑面板

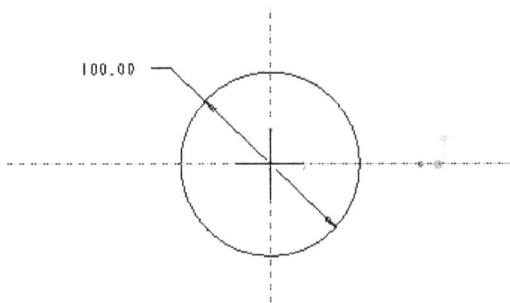

图 4-288　草绘截面1

③ 截面1绘制完成后,单击 ✔ 按钮,回到扫描混合界面。在"截面"上滑面板单击"插入"按钮,新建截面2。单击截面2,激活后选取截面2的位置点,单击"草绘"按钮,进入截面2的绘制,如图 4-289 所示。完成后单击 ✔ 按钮,回到扫描混合界面。

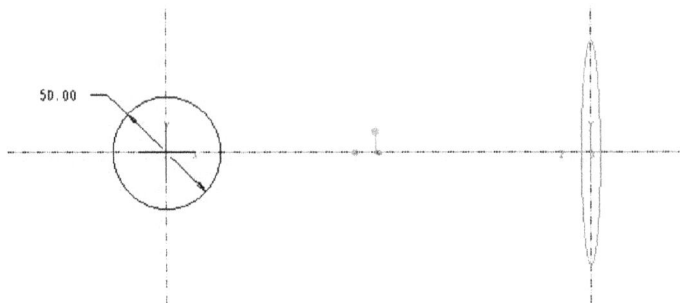

图 4-289　草绘截面2

4. 完成扫描混合特征创建

所有截面绘制完成且预览正确后,单击 ✔ 按钮,完成扫描混合特征的创建,如图 4-290 所示。

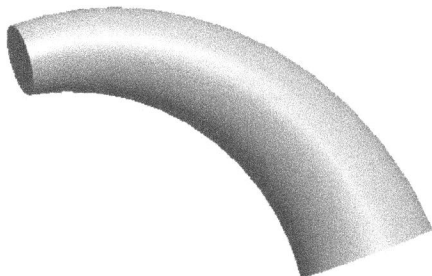

图 4-290 扫描混合特征的创建

任务实施

运用所学命令完成如图 4-282 所示叶轮的三维实体建模。

☞**STEP 1** 新建"yelun"实体文件

单击"新建"按钮□,选择"零件"类型,并输入文件名称"yelun",选择公制单位,单击"确定"按钮,进入实体建模界面。

☞**STEP 2** 创建拉伸实体

◆ 单击界面右侧命令工具栏中的"拉伸"按钮⊡,弹出"拉伸"面板。

◆ 单击"放置"|"定义"按钮,弹出"草绘"对话框,选取 FRONT 平面为草绘平面。单击"草绘"按钮,进入草绘界面。

◆ 在草绘界面绘制拉伸截面,如图 4-291 所示。定义拉伸深度为"对称",深度数值为 4,单击 ✔ 按钮,完成拉伸,如图 4-292 所示。

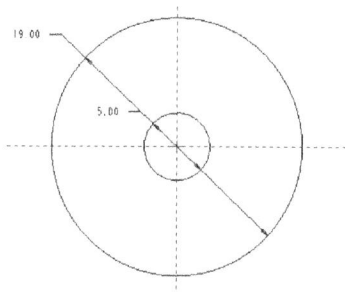

图 4-291 草绘拉伸截面

图 4-292 完成实体拉伸

☞**STEP 3** 创建扫描混合轨迹

选择"草绘"命令,选取 FRONT 平面为草绘平面,进入草绘环境,草绘扫描轨迹,如图 4-293 所示。

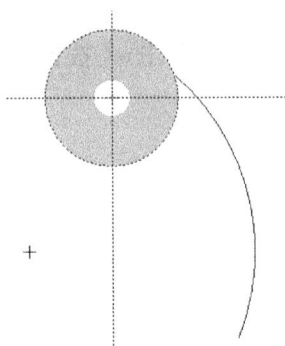

图 4-293　草绘轨迹

☞**STEP 4**　创建基准点

选择"基准点"命令,选择草绘的曲线,在曲线上创建基准点特征,输入基准点偏移比例为 0.5,单击"确定"按钮完成基准点特征的创建,如图 4-294 所示。

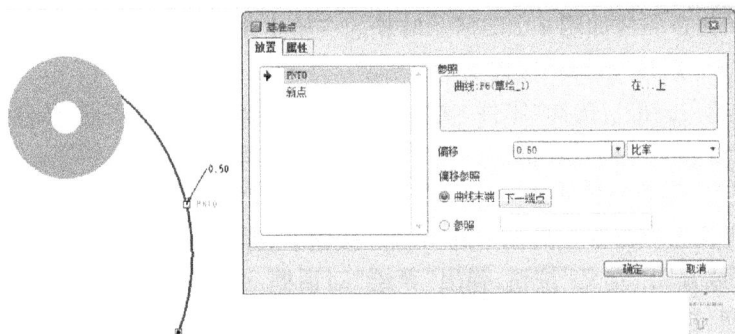

图 4-294　创建基准点

☞**STEP 5**　运用扫描混合特征创建实体

◆ 执行"插入"I"扫描混合"命令。系统弹出"扫描混合"面板。在弹出的"扫描混合"面板中单击"参照"选项卡,弹出"参照"上滑面板。在绘图窗口中选取草绘的轨迹曲线,此时"参照"上滑面板显示如图 4-295 所示。

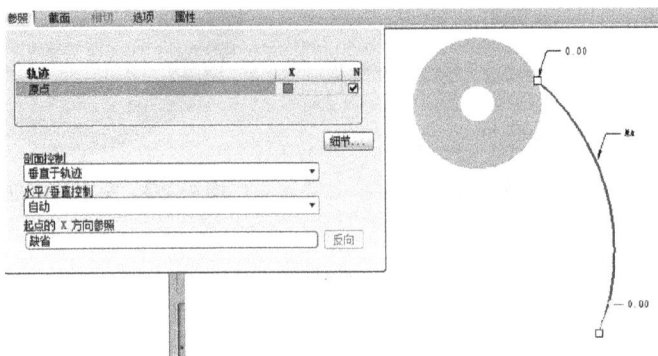

图 4-295　"参照"选项

◆ 单击"截面"选项卡,弹出"截面"上滑面板。选择曲线的一个端点作为截面1的绘制点,单击"草绘"按钮,进入草绘环境,绘制截面1,如图4-296所示。

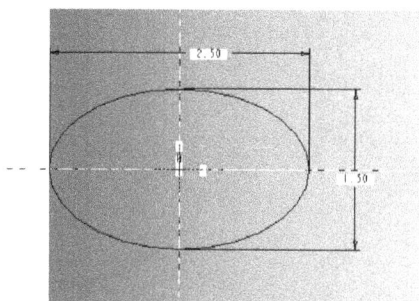

图4-296 草绘截面1

◆ 单击 ✔ 按钮完成截面1的绘制,返回扫描混合界面,单击"插入"按钮,选择建立的基准点,以建立的基准点来绘制混合扫描的截面2,单击"草绘"按钮,进入草绘环境,绘制截面2,如图4-297所示。

图4-297 草绘截面2

◆ 单击 ✔ 按钮完成截面2的绘制,返回扫描混合界面,单击"插入"按钮,选择曲线的另一个端点作为截面3的绘制点,单击"草绘"按钮,进入草绘环境,绘制截面3,如图4-298所示。

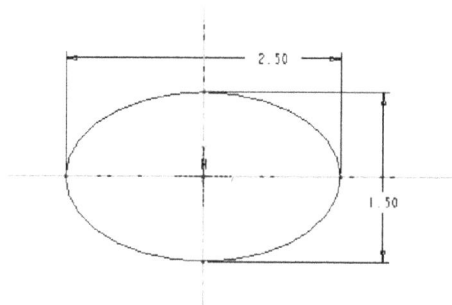

图4-298 草绘截面3

◆ 所有截面绘制完成后,单击 ✔ 按钮,完成扫描混合特征的创建,如图4-299所示。

☞**STEP 6** 实体阵列

在模型树中选择建立的混合扫描实体特征,执行"阵列"命令,选择阵列方式为"轴"

阵列,选择中心轴,输入阵列旋转角度值为120,输入阵列数目为3,单击"确定"按钮完成阵列特征的创建,如图4-300所示。

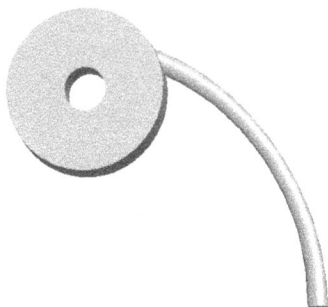

图 4-299　扫描混合特征的创建

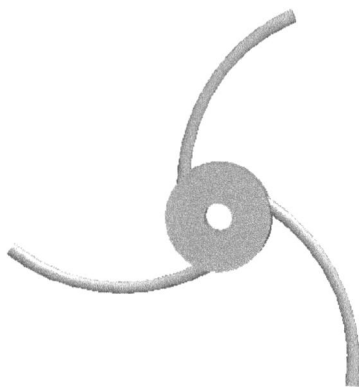

图 4-300　实体阵列

☞**STEP 7**　运用旋转特征创建实体

◆ 单击界面右侧命令工具栏中的"旋转"按钮，弹出"旋转"面板。

◆ 单击"放置"|"定义"按钮,弹出"草绘"对话框,选取 TOP 平面为草绘平面。单击"草绘"按钮,进入草绘界面。

◆ 在草绘界面绘制旋转截面,如图4-301所示。定义旋转模式为"⊥",角度值为360,单击 ✔ 按钮,完成旋转,如图4-302所示。

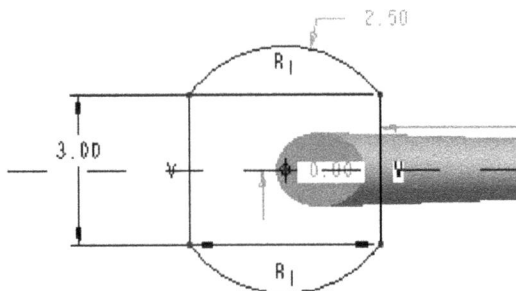

图 4-301　草绘旋转截面

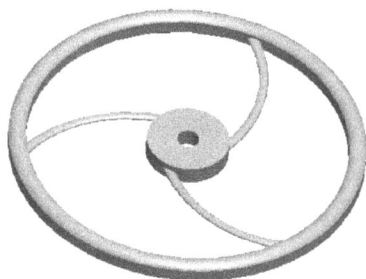

图 4-302　完成实体旋转

☞**STEP 8**　保存文件

以上特征全部创建完成后,单击界面上方常用工具栏中的"保存"按钮，进行文件的保存。

拓展练习

1. 完成如图4-303所示的三维实体建模。

图 4-303 练习模型(一)

2. 完成如图 4-304 所示的三维实体建模。

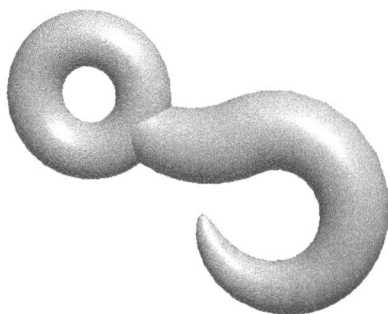

图 4-304 练习模型(二)

任务 4.10 方 向 盘

任务目标

◎掌握边界混合命令的操作方法
◎掌握曲面建模的操作步骤和编辑方法

任务内容

运用所学命令完成方向盘的三维实体建模,如图 4-305 所示。

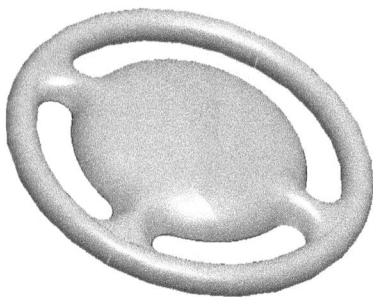

图 4-305　方向盘三维实体模型

任务分析

用一般的实体造型来创建方向盘的三维模型比较困难,采用曲面特征来创建比较容易。

相关知识

曲面特征的建立方式除了与建立实体特征相似的拉伸、旋转、扫描、混合等方法外,也可由自由点建立为曲线,再由曲线建立为自由曲面,还可以用偏移、镜像等方法利用已有曲面生成新曲面。此外,曲面间也可以有很多的操作,如将两个相交或相邻的曲面合并为一个曲面,并对曲面进行修剪等。

1. 边界混合

边界混合命令可以通过定义两个方向上的边界来创建曲面。

边界混合命令的调用方式如下:

菜单:执行"插入"|"边界混合"命令。

图标:单击界面右侧命令工具栏中的图标按钮。

① 草绘边界混合轮廓线。

草绘如图 4-306 所示的曲线图形。

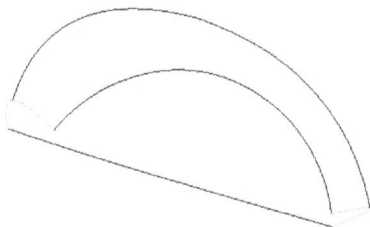

图 4-306　草绘曲线

② 创建边界混合特征。

◆ 单击界面右侧命令工具栏中的图标按钮,进入边界混合界面,打开"曲线"上滑面板,如图 4-307 所示。

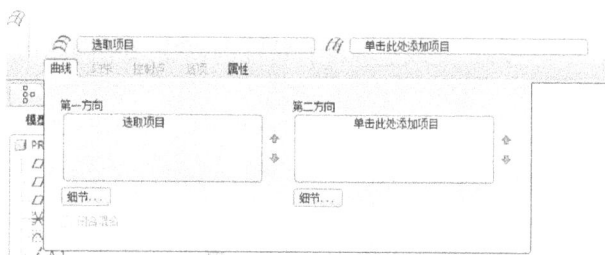

图 4-307 边界混合面板

◆ 创建第一个方向上的边界混合特征:在"曲线"上滑面板中,单击"第一方向"区,然后单击鼠标左键并按【Ctrl】键,按顺序依次选取三根曲线,如图 4-308 所示。

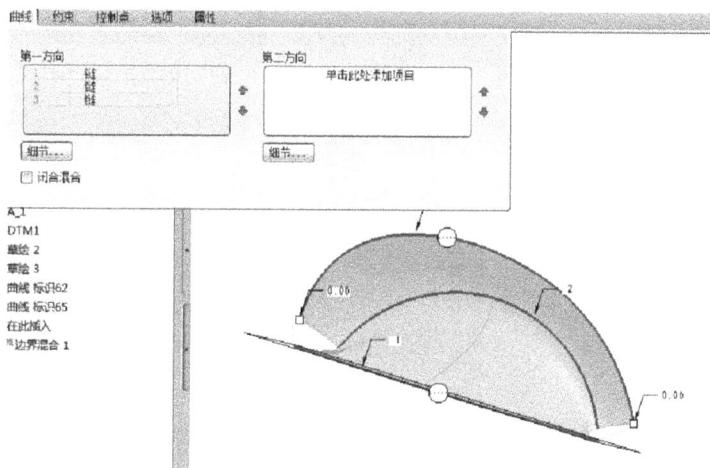

图 4-308 选取第一方向边界曲线

◆ 创建第二个方向上的边界混合特征:在"曲线"上滑面板中,单击"第二方向"区,然后单击鼠标左键并按【Ctrl】键,依次选取左右两根曲线,如图 4-309 所示。

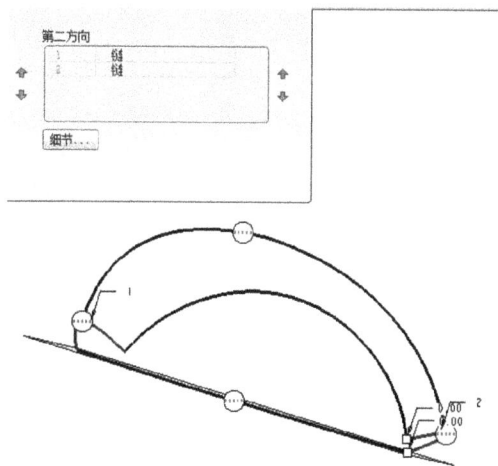

图 4-309 选取第二方向边界曲线

③ 完成扫描混合特征的创建。

预览正确后,单击 ✔ 按钮,完成边界混合特征的创建,如图 4-310 所示。

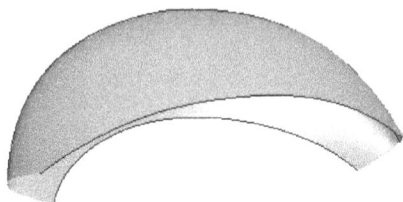

图 4-310　边界混合特征的创建

2. 曲面镜像

① 选取要镜像的曲面,如图 4-311 所示。

图 4-311　选取镜像曲面

② 激活曲面"镜像"命令。

菜单:执行"编辑"|"镜像"命令。

图标:单击界面右侧命令工具栏中的 图标按钮。

③ 定义镜像平面:选取平面或基准平面作为镜像平面,如图 4-312 所示。

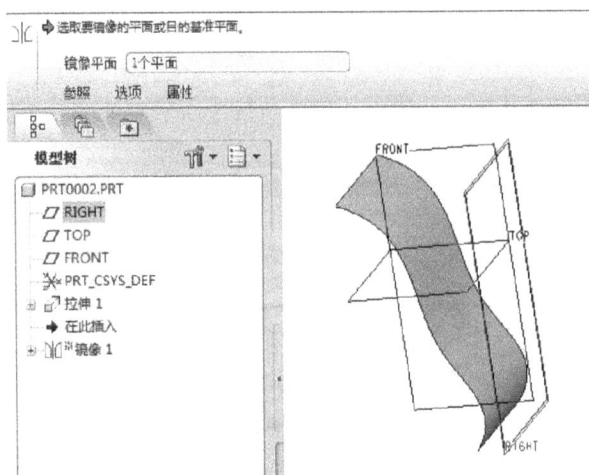

图 4-312　选取镜像平面

④ 预览正确后,完成镜像特征,如图 4-313 所示。

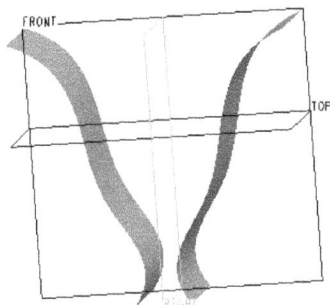

图 4-313 完成镜像特征

3. 曲面合并

① 选取要合并的两个曲面或面组。

② 激活曲面"合并"命令。

菜单:执行"编辑"|"合并"命令。

图标:单击界面右侧命令工具栏中的 图标按钮。

③ 选取合并方式:打开"选项"上滑面板,根据曲面合并的性质选择合并方式,如图 4-314 所示。

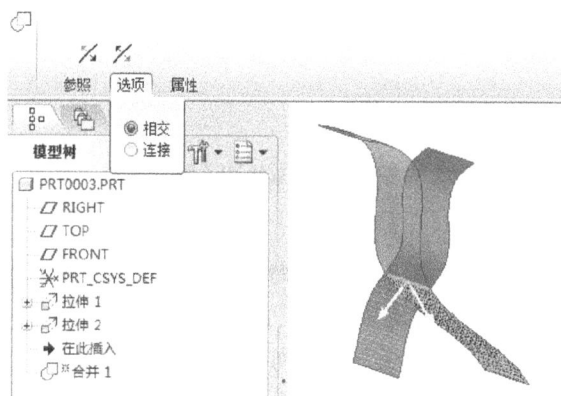

图 4-314 选取合并方式

④ 选择要保留的一侧:单击 图标按钮改变方向,箭头指向即为合并后保留的一侧,如图 4-315 所示。

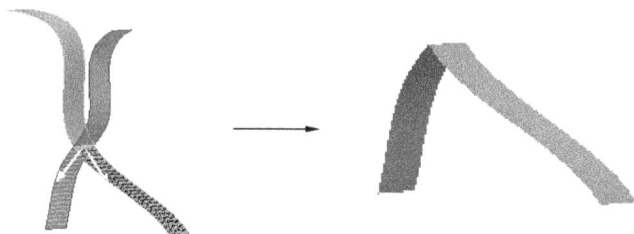

图 4-315 选取保留的一侧

⑤ 预览正确后,完成特征。

任务实施

运用所学命令完成如图 4-305 所示方向盘的三维实体建模。

☞**STEP 1**　新建"fangxiangpan"实体文件

单击"新建"按钮□,选择"零件"类型,并输入文件名称"fangxiangpan",选择公制单位,单击"确定"按钮,进入实体建模界面。

☞**STEP 2**　草绘同心圆

◆ 单击界面右侧命令工具栏中的"草绘"按钮,进入草绘界面。

◆ 选取 TOP 平面为草绘平面。单击"草绘"按钮,进入草绘界面。

◆ 在草绘界面绘制三个同心圆,直径分别为 100,230,330,如图 4-316 所示。

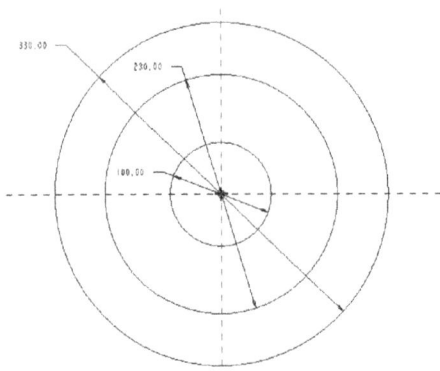

图 4-316　草绘同心圆

☞**STEP 3**　创建扫描曲面

◆ 执行菜单栏"插入"|"扫描"|"曲面"命令,弹出"扫描曲面"菜单。

◆ 进入菜单管理器,选取"选取轨迹"|"曲线链"选项,点击直径为 330 的圆,选取"全选"|"完成"|"无内表面"|"完成"选项,如图 4-317 所示。

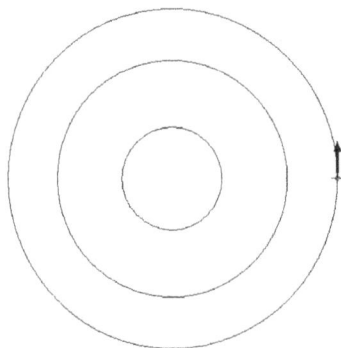

图 4-317　选取扫描轨迹

◆ 绘制如图 4-318 所示的扫描截面,结束草绘。

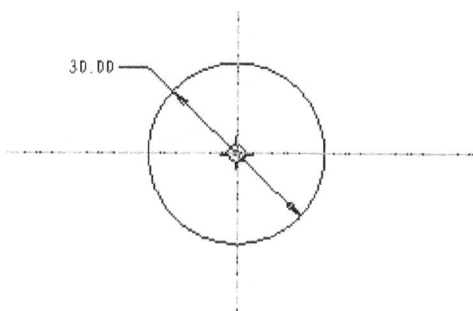

图 4-318 绘制扫描截面

◆ 预览确定后,完成曲面扫描,如图 4-319 所示。

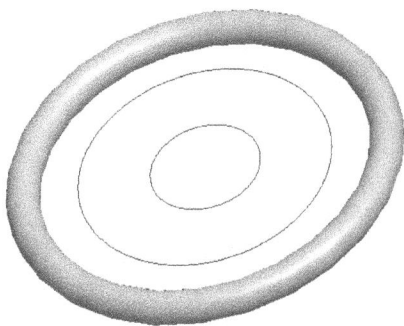

图 4-319 完成曲面扫描

☞**STEP 4** 旋转曲面

◆ 单击界面右侧命令工具栏中的"旋转"按钮🔧,然后单击"作为曲面旋转"按钮⊐。

◆ 设置 FRONT 平面为草绘平面,RIGHT 平面为参照平面,方向为右。

◆ 选取草绘参照:选取"草绘"|"参照"选项,选择直径为 100 和 230 的圆的右端点。

◆ 绘制草绘图形,如图 4-320 所示。

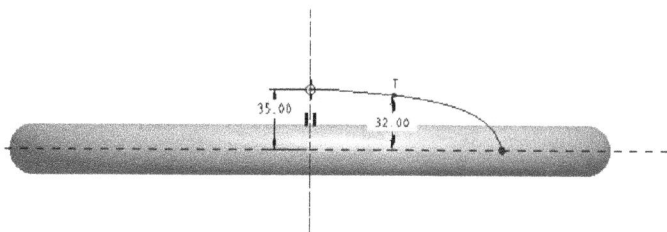

图 4-320 草绘图形

注意:圆弧中心要在竖直中心线上,圆弧的右端点与选取的直径为 100 的圆的参照的右端点设置约束为竖直。圆弧的右端点距水平线的距离为 32,左端点距水平线的距离为 35,在圆弧右侧再绘制样条曲线,设置左端点与圆弧的约束为相切,右端点与水平线的夹角为 90°。

◆ 完成旋转曲面,如图 4-321 所示。

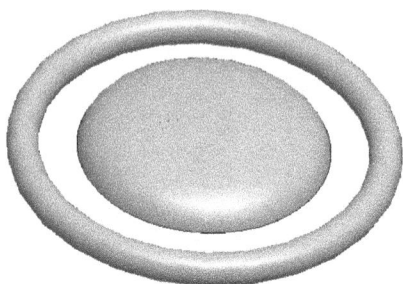

图 4-321　完成曲面旋转

☞**STEP 5**　草绘图形

◆ 单击界面右侧命令工具栏中的"草绘"按钮，进入草绘界面。

◆ 选取 TOP 平面为草绘平面。单击"草绘"按钮，进入草绘界面。

◆ 在草绘界面绘制图形，如图 4-322 所示。

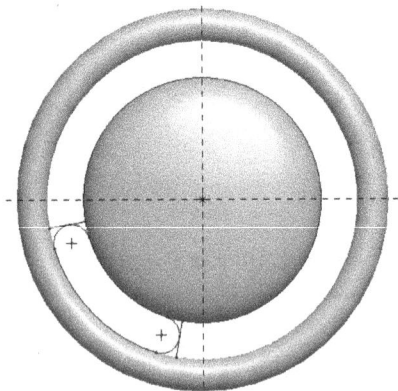

图 4-322　草绘图形

◆ 将两侧直线设置成构造线，如图 4-323 所示。

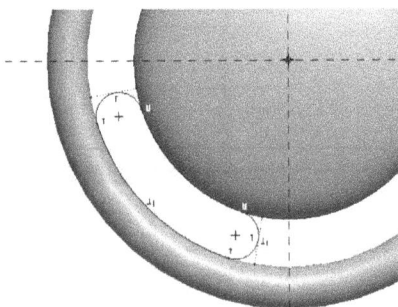

图 4-323　设置构造线

☞**STEP 6**　拉伸曲面切除

◆ 单击界面右侧命令工具栏中的"拉伸"按钮，然后单击"作为曲面旋转"按钮，草绘平面选择"使用先前的"。

◆ 草绘图形,如图 4-324 所示。

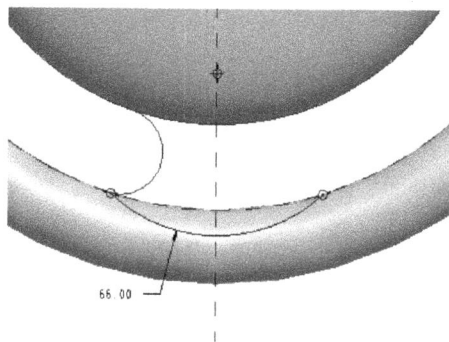

图 4-324 草绘图形

注意:圆弧的圆心在竖直中心线上,圆弧关于中心线对称。

◆ 单击"移除材料"按钮◢,切除曲面,完成拉伸曲面切除,如图 4-325 所示。

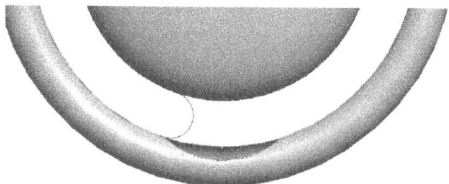

图 4-325 拉伸曲面切除

☞**STEP 7** 拉伸曲面切除

◆ 单击界面右侧命令工具栏中的"拉伸"按钮◢,然后单击"作为曲面旋转"按钮◳,草绘平面选择"使用先前的"。

◆ 草绘图形,如图 4-326 所示。

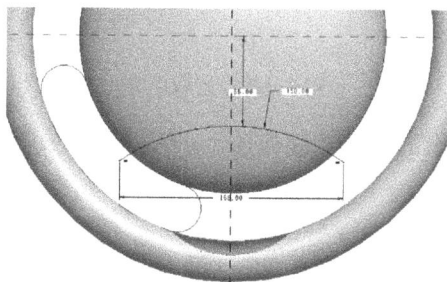

图 4-326 草绘图形

注意:圆弧的圆心在竖直中心线上,圆弧关于中心线对称。

◆ 单击"移除材料"按钮◢,切除曲面,完成拉伸曲面切除,如图 4-327 所示。

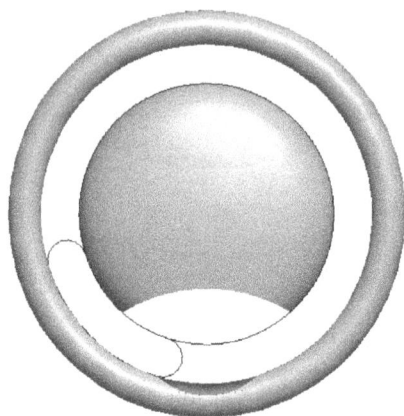

图 4-327 拉伸曲面切除

☞**STEP 8** 镜像草绘

◆ 单击界面右侧命令工具栏中的"草绘"按钮 ，进入草绘界面。

◆ 选取"使用先前的"为草绘平面。单击"草绘"按钮，进入草绘界面。

◆ 选择"使用边"命令图标 ，选取两段圆弧，如图 4-328 所示。

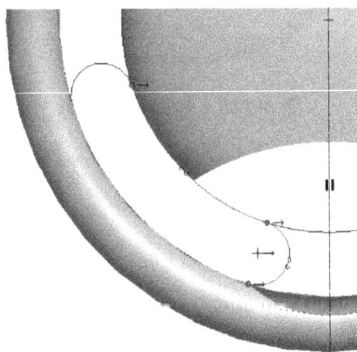

图 4-328 选取圆弧

◆ 单击"镜像"图标按钮 ，完成圆弧镜像，结束草绘，如图 4-329 所示。

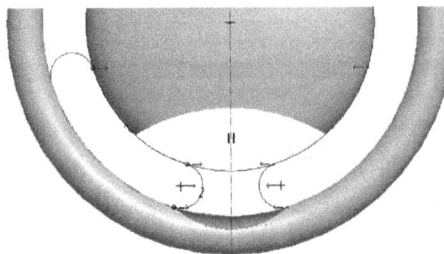

图 4-329 镜像图形

☞**STEP 9** 曲面相交

◆ 选取如图 4-330 所示的两个曲面，执行"编辑"|"相交"命令。

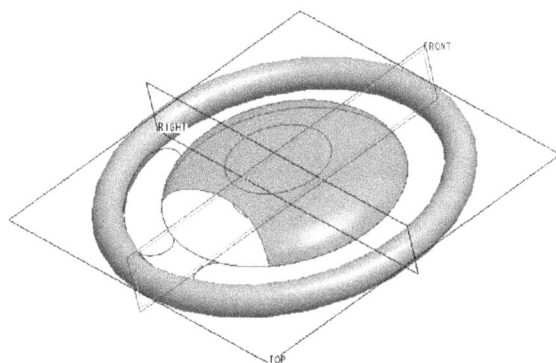

图 4-330 曲面相交

◆ 选取如图 4-331 所示的两个曲面,执行"编辑"｜"相交"命令。

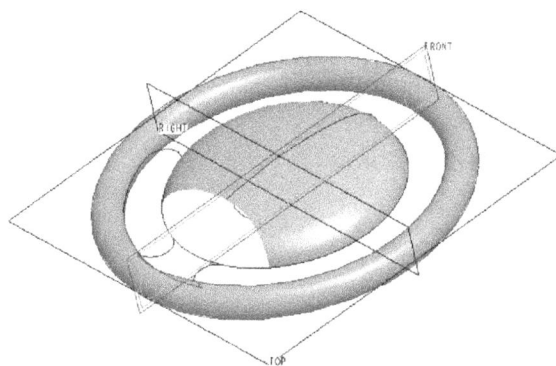

图 4-331 曲面相交

☞**STEP 10** 创建曲线

◆ 单击界面右侧命令工具栏中的"曲线"按钮⁓,创建曲线。
◆ 选取"通过点"｜"选取两点"选项,与两条曲线的约束均为相切,如图 4-332 所示。

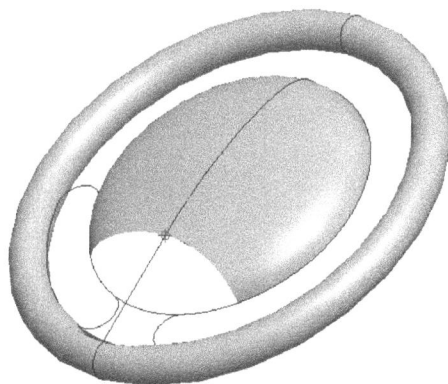

图 4-332 创建曲线

☞**STEP 11**　新建基准平面 DTM1

◆ 单击界面右侧命令工具栏中的"平面"按钮▱，新建基准平面 DTM1。

◆ 选取 RIGHT 平面为参照平面，向刚刚画圆弧的一侧偏移 130，如图 4-333 所示。

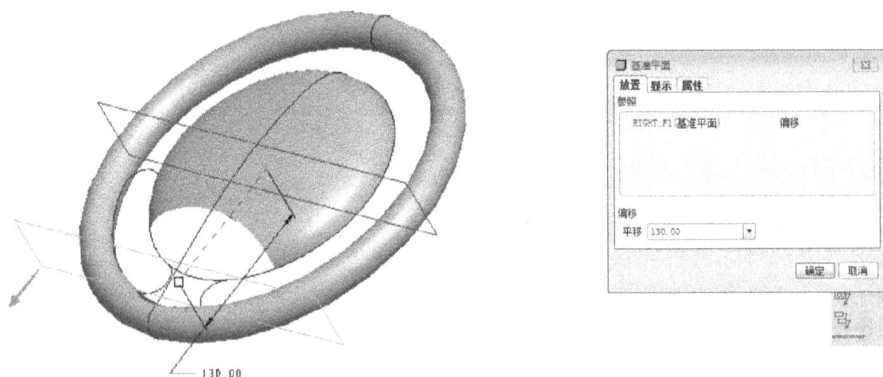

图 4-333　新建基准平面 DTM1

☞**STEP 12**　创建基准点

创建三个基准点，如图 4-334 所示。

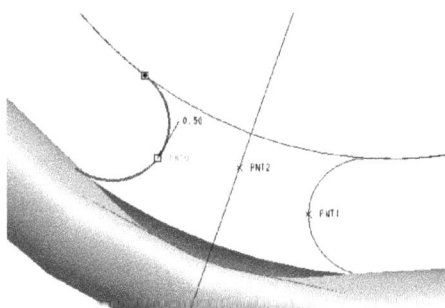

图 4-334　创建基准点

☞**STEP 13**　创建曲线

通过上一步创建的三个基准点创建一条曲线，曲线与左右两点的约束是垂直，与中间点的约束是相切，如图 4-335 所示。

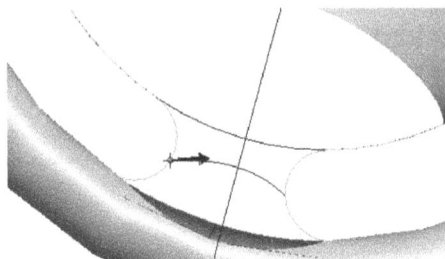

图 4-335　创建曲线

☞**STEP 14** 创建曲面——边界混合

◆ 单击界面右侧命令工具栏中的⚙️图标按钮,进入边界混合界面,打开"曲线"上滑面板。

◆ 创建第一个方向上的边界混合特征:在"曲线"上滑面板中,单击"第一方向"区,然后单击鼠标左键并按【Ctrl】键,按顺序依次选取两条曲线,如图4-336所示。

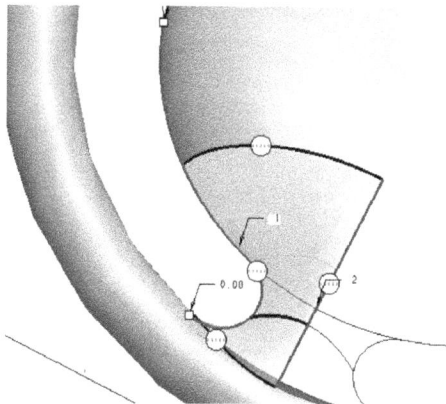

图 4-336 选取第一方向边界曲线

◆ 创建第二个方向上的边界混合特征:在"曲线"上滑面板中,单击"第二方向"区,然后单击鼠标左键并按【Ctrl】键,依次选取三条曲线,如图4-337所示。

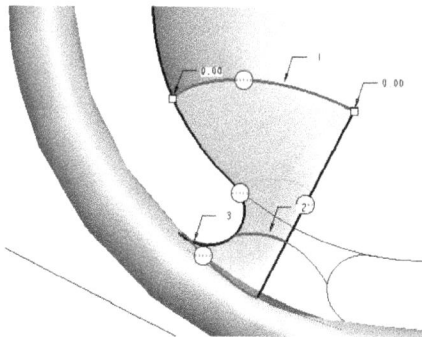

图 4-337 选取第二方向边界曲线

◆ 预览正确后,单击 ✔ 按钮,完成边界混合特征的创建,如图4-338所示。

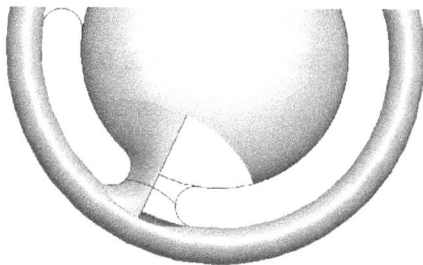

图 4-338 边界混合创建曲面

☞**STEP 15** 镜像曲面

选取 STEP 14 所创建的曲面,以 FRONT 平面为镜像平面,镜像曲面,如图 4-339 所示。

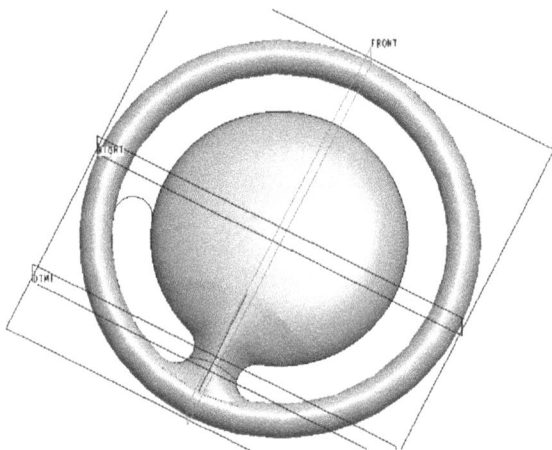

图 4-339　镜像曲面

☞**STEP 16** 新建基准平面 DTM2

新建基准平面 DTM2,参照设置如图 4-340 所示。

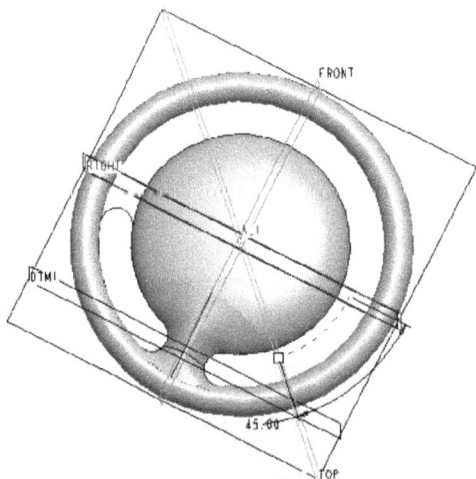

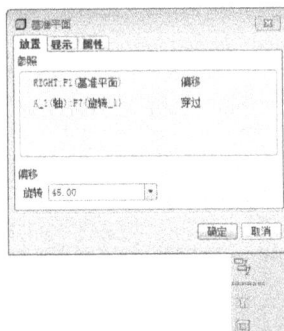

图 4-340　创建基准平面 DTM2

☞**STEP 17** 镜像曲面

◆ 选取 STEP 15 镜像得到的曲面,以 DTM2 基准平面为镜像平面,镜像曲面,如图 4-341 所示。

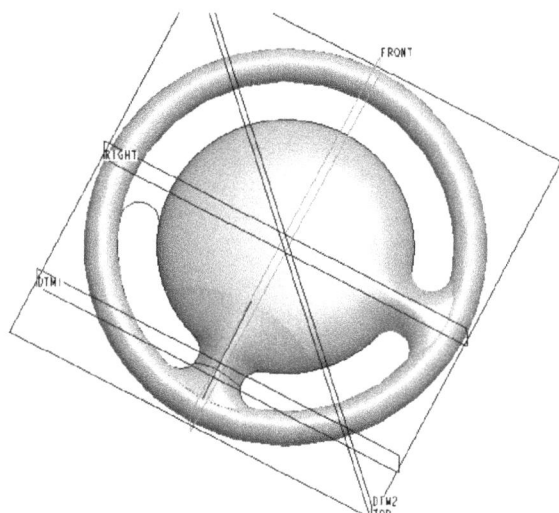

图 4-341 镜像曲面

◆ 选取 STEP 17 镜像得到的曲面,以 FRONT 平面为镜像平面,镜像曲面,如图 4-342 所示。

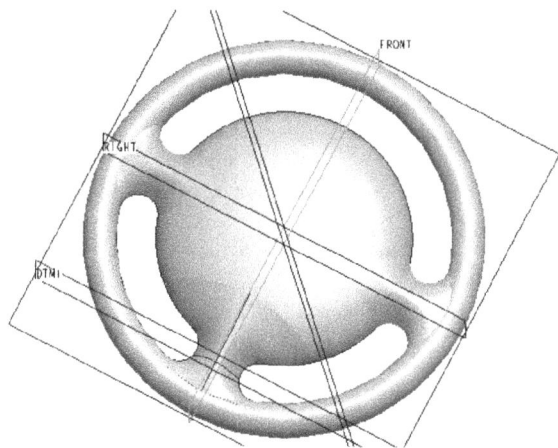

图 4-342 镜像曲面

☞**STEP 18** 曲面合并

把 STEP 4 旋转得到的曲面和两次镜像得到的曲面合并,注意要分开合并,如图 4-343 所示。

☞**STEP 19** 保存文件

以上特征全部创建完成后,单击界面上方常用工具栏中的"保存"按钮⬚,进行文件的保存。

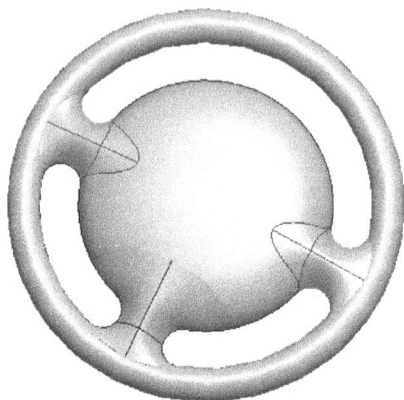

图 4-343   合并曲面

拓展练习

完成如图 4-344 所示的三维实体建模。

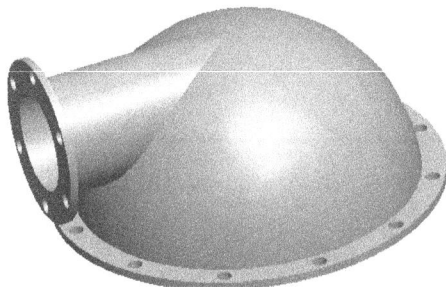

图 4-344   练习模型

任务 4.11   鼠   标

任务目标

◎掌握曲面修剪命令的操作方法
◎掌握曲面建模的操作步骤和编辑方法

任务内容

运用所学命令完成鼠标的三维实体建模,如图 4-345 所示。

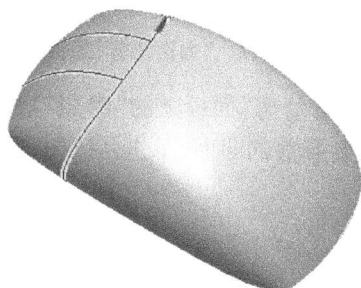

图 4-345　鼠标三维实体模型

任务分析

鼠标的三维曲面造型属于较复杂的曲面,完成该任务不仅可以对之前学习的建模方法进行巩固,也可以进一步提高三维建模水平。

相关知识

1. 曲面修剪
① 选取要被修剪的曲面,如图 4-346 所示。

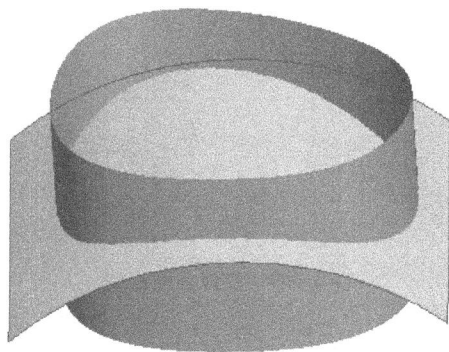

图 4-346　选取被修剪的曲面

② 激活曲面修剪命令。
菜单:执行"编辑"|"修剪"命令。
图标:单击界面右侧命令工具栏中的 ▢ 图标按钮。
弹出"曲面修剪"面板,如图 4-347 所示。

图 4-347　"曲面修剪"面板

③ 选取修剪对象：单击"曲面修剪"面板上的"参照"选项卡，在"参照"上滑面板中激活"修剪对象"收集器，选择需要修剪的曲面，单击 ╱ 按钮，选定要保留的部分，如图 4-348 所示。

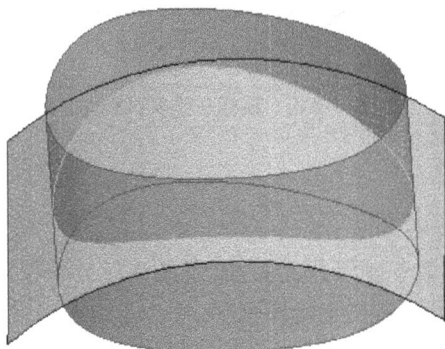

图 4-348　选取修剪对象

④ 预览正确后，完成曲面修剪，如图 4-349 所示。

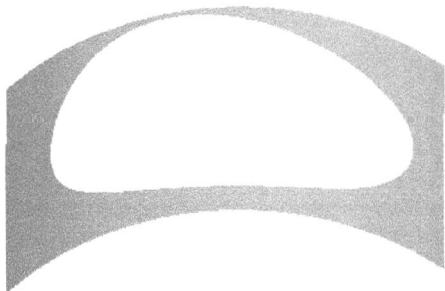

图 4-349　完成曲面修剪

任务实施

运用所学命令完成如图 4-345 所示鼠标的三维实体建模。

☞**STEP 1**　新建"shubiao"实体文件

单击"新建"按钮，选择"零件"类型，并输入文件名称"shubiao"，选择公制单位，单击"确定"按钮，进入实体建模界面。

☞**STEP 2**　旋转特征创建鼠标外曲面

◆ 单击界面右侧命令工具栏中的"旋转"按钮，进入"旋转"特征操作界面。

◆ 单击▢按钮,选取"曲面"建模方式,以 FRONT 平面为基准平面,绘制图形,如图 4-350 所示。

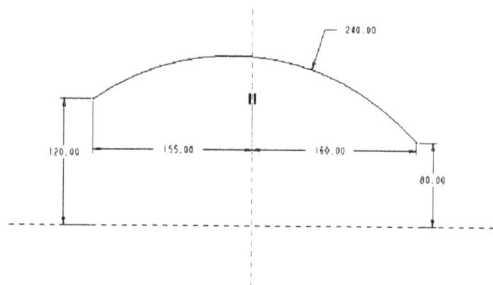

图 4-350　草绘圆弧

◆ 设置旋转角度值为180,单击 ✔ 图标按钮,完成曲面旋转,如图4-351 所示。

图 4-351　鼠标外曲面

☞**STEP 3**　拉伸特征创建鼠标底面

◆ 单击界面右侧命令工具栏中的"拉伸"按钮▢,进入"拉伸"特征操作界面。

◆ 单击▢按钮,选取"曲面"建模方式,以 TOP 平面为基准平面,绘制一条线段,如图 4-352 所示。

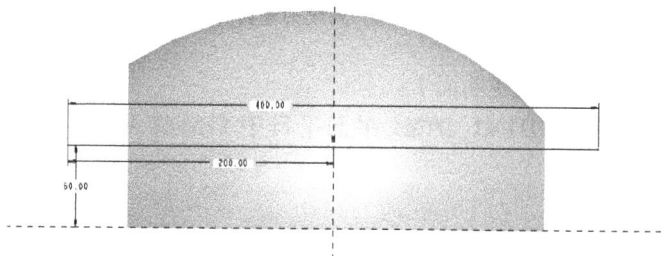

图 4-352　草绘线段

◆ 设置拉伸深度为"▢",数值为500,单击 ✔ 图标按钮,完成曲面拉伸,如图4-353 所示。

图 4-353　鼠标底面创建

☞**STEP 4**　合并曲面

◆ 按住【Ctrl】键,选取鼠标外表面和底面两个曲面,单击界面右侧命令工具栏中的"合并"按钮 ◻,打开"合并"特征面板。

◆ 选取"相交"合并方式,确定曲面的保留方向,如图 4-354 所示。

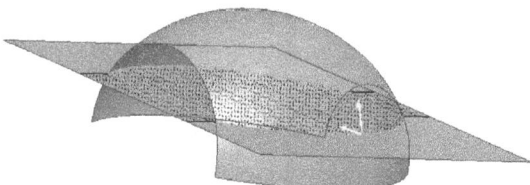

图 4-354　调整曲面合并方向

◆ 单击 ✔ 图标按钮,完成曲面合并,如图 4-355 所示。

图 4-355　完成曲面合并

☞**STEP 5**　扫描特征创建曲面 1

◆ 创建辅助基准平面 DTM1,DTM1 平面平行于 FRONT 平面,偏移距离为 60,如图 4-356 所示。

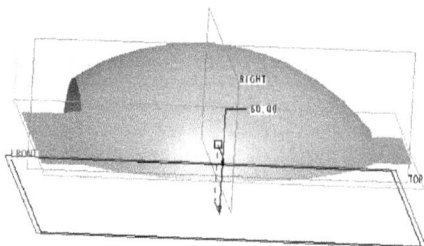

图 4-356　创建基准平面 DTM1

◆ 选取 DTM1 平面为草绘平面,绘制扫描轨迹线,如图 4-357 所示。

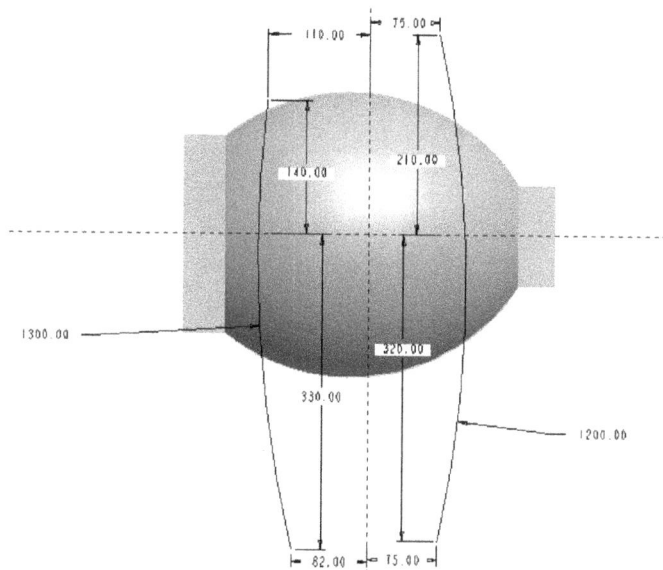

图 4-357　草绘扫描轨迹

◆ 执行主菜单栏中的"插入"|"扫描"|"曲面"命令,打开"曲面:扫描"对话框,选取"选取轨迹"选项,选择半径为 1300 的圆弧作为扫描线,单击"完成"按钮。选择端口为开放端,进入草绘扫描截面的界面,草绘截面,如图 4-358 所示。

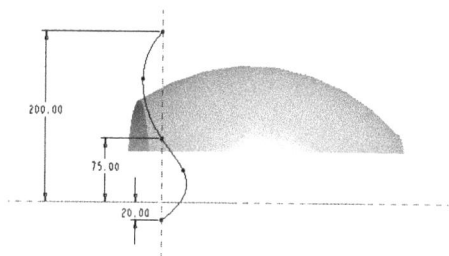

图 4-358　草绘扫描截面

◆ 预览正确后,单击"确定"按钮完成扫描特征的创建,如图 4-359 所示。

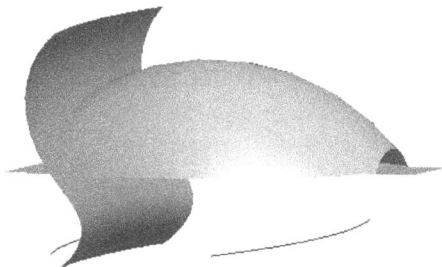

图 4-359　曲面 1 的创建

☞**STEP 6**　扫描特征创建曲面 2
◆ 重复 STEP 5 的操作,创建曲面 2。
◆ 扫描轨迹选择半径为 1200 的圆弧曲线,扫描截面如图 4-360 所示。

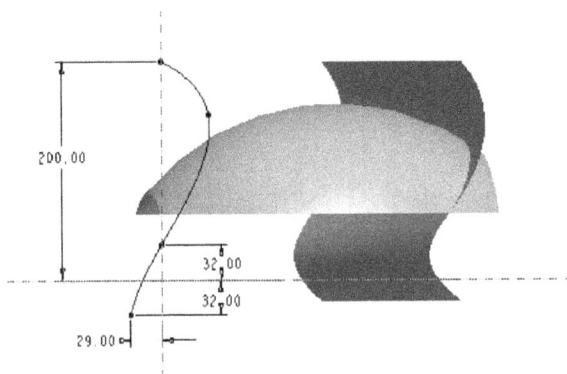

图 4-360　草绘扫描截面

◆ 预览正确后,单击"确定"按钮完成扫描特征的创建,如图 4-361 所示。

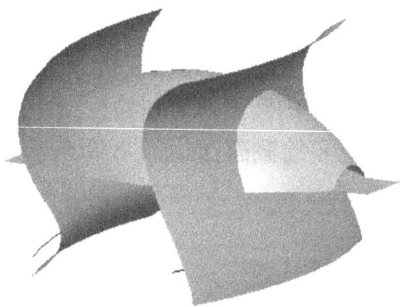

图 4-361　曲面 2 的创建

☞**STEP 7**　合并曲面 1
◆ 按住【Ctrl】键,选取鼠标外表面和曲面 1,单击界面右侧命令工具栏中的"合并"按钮□,打开"合并"特征面板。
◆ 选取"相交"合并方式,确定曲面的保留方向,如图 4-362 所示。

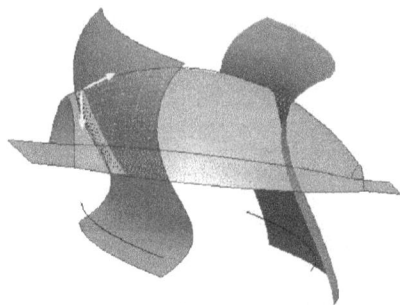

图 4-362　调整曲面合并方向

◆ 单击 ✔ 图标按钮,完成曲面合并,如图 4-363 所示。

图 4-363 完成曲面合并

☞**STEP 8** 合并曲面 2

◆ 按住【Ctrl】键,选取鼠标外表面和曲面 2,单击界面右侧命令工具栏中的"合并"按钮 ⬔,打开"合并"特征面板。

◆ 选取"相交"合并方式,确定曲面的保留方向,如图 4-364 所示。

图 4-364 调整曲面合并方向

◆ 单击 ✔ 图标按钮,完成曲面合并,如图 4-365 所示。

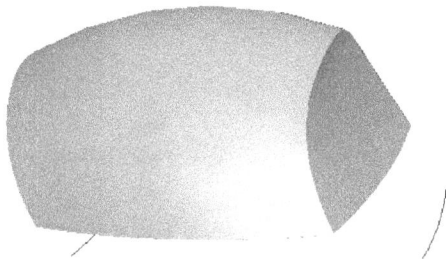

图 4-365 完成曲面合并

☞**STEP 9** 倒圆角

◆ 单击界面右侧命令工具栏中的"倒圆角"图标按钮 ⬞,打开"倒圆角"面板。

◆ 选取图示的两条边倒圆角,选取"变半径"倒圆角,半径大小如图 4-366 所示。

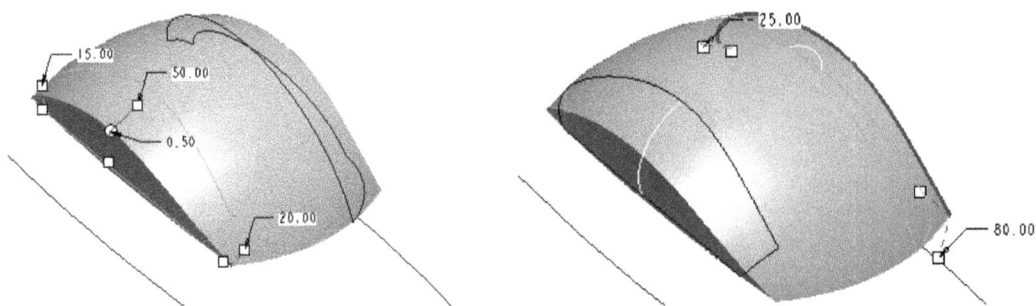

图 4-366   倒圆角半径设置

◆ 单击 ✔ 图标按钮,完成倒圆角的创建,如图 4-367 所示。

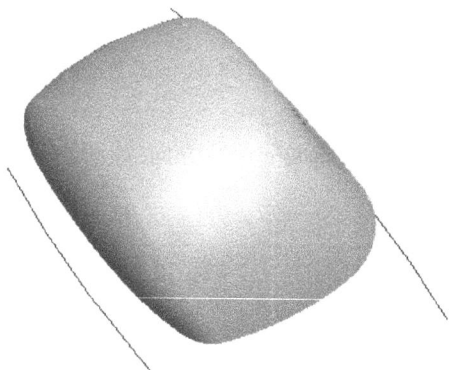

图 4-367   倒圆角的创建

☞**STEP 10**   创建曲面投影特征

◆ 创建辅助基准平面 DTM2,DTM2 平面平行于 FRONT 平面,偏移距离为 200,如图 4-368 所示。

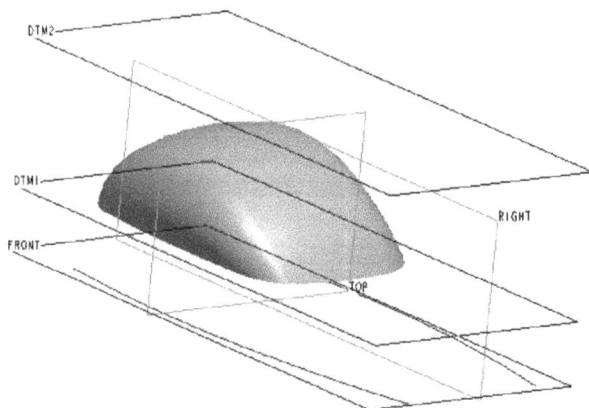

图 4-368   创建基准平面 DTM2

◆ 选取 DTM2 平面为草绘平面,草绘投影曲线,如图 4-369 所示。

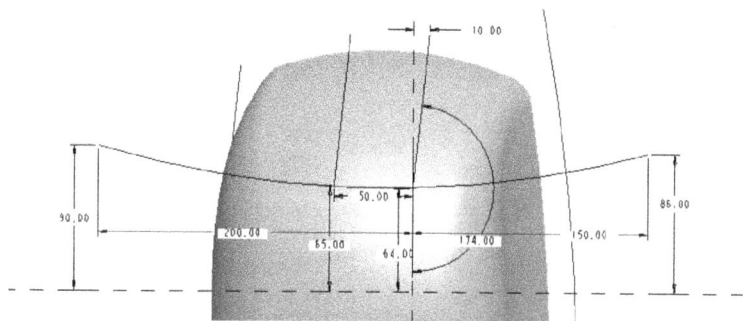

图 4-369 草绘投影曲线

◆ 选取草绘投影曲线,执行主菜单栏中的"编辑"|"投影"命令,打开"投影"特征面板。按住【Ctrl】键选取鼠标的所有外表面,确定投影方向,如图 4-370 所示。

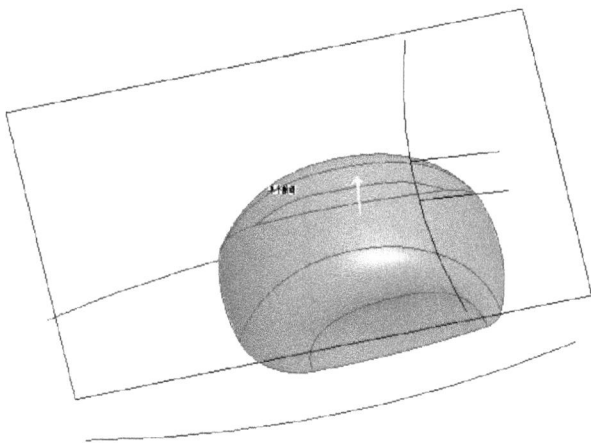

图 4-370 调整投影方向

◆ 单击 ✔ 图标按钮,完成投影曲线的创建,如图 4-371 所示。

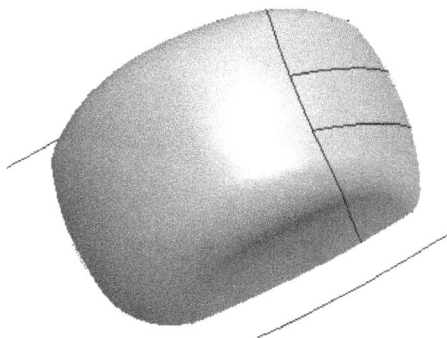

图 4-371 投影曲线的创建

☞STEP 11 曲面修剪

◆ 执行主菜单栏中的"插入"|"扫描"|"曲面修剪"命令,弹出"曲面修剪"特征面板。
◆ 定义鼠标外表面为修剪面组,投影曲线为曲线轨迹,如图 4-372 所示。

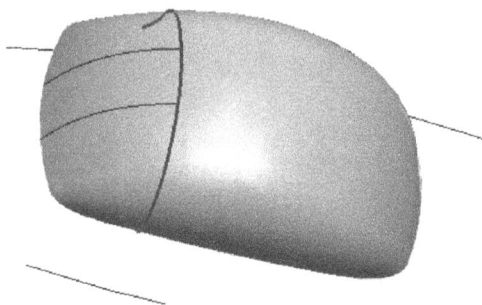

图 4-372　选取轨迹

◆ 单击"完成"按钮,定义草绘截面,如图 4-373 所示。

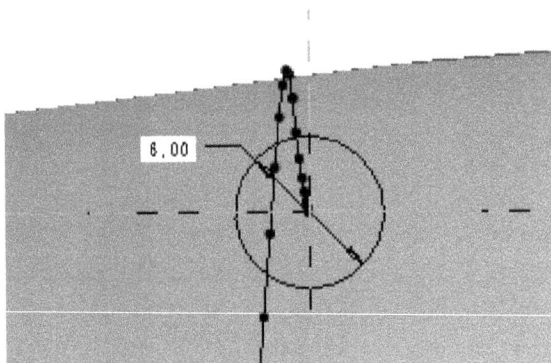

图 4-373　草绘截面

◆ 材料侧选择"侧 2",预览正确后,单击"完成"按钮结束修剪,如图 4-374 所示。

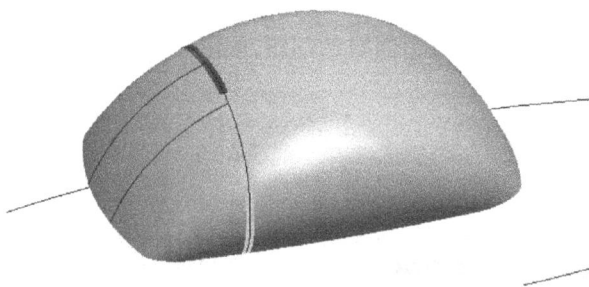

图 4-374　修剪完成

◆ 用如上方法,以另外两条投影线为轨迹线,完成对鼠标外表面的修剪,如图 4-375 所示。

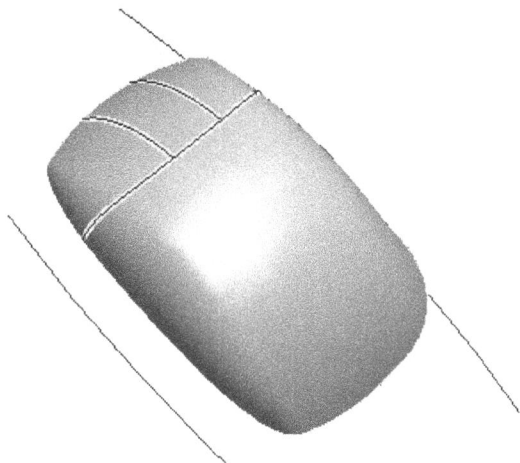

图 4-375　曲面修剪完成

☞**STEP 12**　保存文件

以上特征全部创建完成后,单击界面上方常用工具栏中的"保存"按钮🖫,进行文件的保存。

拓展练习

完成如图 4-376 所示的三维实体建模。

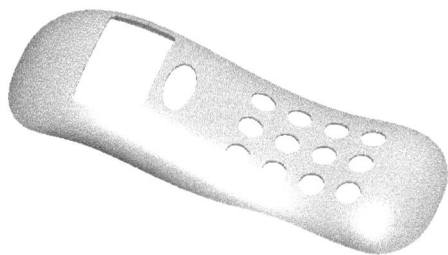

图 4-376　练习模型